Granac

y la Alh

TEXTO

Rafael Hierro Calleja

FOTOGRAFÍAS

Ángel Sánchez. - Miguel Sánchez

Javier Algarra - Guido Montañés - J. Voigtländer

Ediciones Miguel Sánchez

Quiero dedicar este libro a la memoria de los seres queridos que se me fueron y a los que me han ayudado a superar el trance de la tristeza y la soledad.

A Pepe Villegas, compañero y amigo durante treinta y tres años, a mi hermano Eduardo y a mi madre Claudia D. Lamberti.

A mis hijos Ignacio y Daniel, mi cuñada Concha, Pepi Muñoz, Maria Estrella Ubiña, María Díaz de la Guardia, Emilio Fuentes y Manuel López Guadalupe, en agradecimiento a su ayuda y apoyo.

Igualmente quiero dedicarlo a todos los compañeros de la Asociación Provincial de Intérpretes Turísticos de Granada, por su amistad y comprensión hacia mí. Y a los miembros de Ediciones Miguel Sánchez, que han hecho posible este trabajo.

También, ¿Por qué no?, a un ser entrañable que me acompañó durante doce años, Koki.

Rafael Hierro.

© **Ediciones Miguel Sánchez:** Marqués de Mondéjar, 44. Granada
Texto: Rafael Hierro Calleja
Fotografías: Angel Sánchez, Miguel Sánchez, Javier Algarra, Guido Montañés y J. Voigtländer
Revisión y coordinación: Equipo editorial de Ediciones Miguel Sánchez
Texto de los motivos geométricos (Decoración y ornamentación II): Antonio Marín
Diseño y maquetación: Paqui Robles (Bitono)
Planos de la ciudad: Antonio Marín
Dibujos de los Palacios Nazaritas y el Generalife: Antonio Mesamadero
Mapa de la Provincia: Pilar Campos Fernández Figares
Fotomecánica: Panalitos, S.L. (Granada)
Impresión: Grefol, S.L., Móstoles (Madrid)

ISBN: 84-7169-084-5
Depósito legal: GR 1.883/2004

Índice

Página

Del Monasterio de Cartuja al de San Jerónimo

Otros rincones y paseos

La Provincia

Presentación y contenido de la guía

Visitar, recorrer, conocer Granada son decisiones que el viajero o el granadino tendrán bien recompensadas. **Granada y la Alhambra** es un libro hecho para acompañar en su camino al que nos visita, pero también, por qué no, para el vecino de Granada que busca conocer la Historia o el Arte, para comprender con profundidad las imágenes que impregnan cada día su retina.

Es posible que al mirar algo no conozcamos su pasado, no veamos el detalle, no hayamos elegido la mejor perspectiva, hora, día o estación. Con este libro hemos querido ayudar a ver y comprender mejor lo que se mira. Para ello, el lector encontrará, en seis capítulos, recorridos por la ciudad, la Alhambra y la provincia. Un plano general y planos zonales le ayudan a situarse. Varios artículos monográficos intercalados en los capítulos profundizan en las técnicas de decoración musulmana y presentan algunos personajes que influyeron en la historia granadina.

El capítulo de **La Alhambra** está dedicado a conocer y explorar el monumento más emblemático de la ciudad. Más de la tercera parte del texto del libro se centra en este cometido. La historia de los musulmanes y la intervención cristiana se unen a un minucioso recorrido por sus jardines y arquitectura.

Desde la colina de la Alhambra se cruza a la del **Albaicín.** En estas páginas se describe el Albaicín Bajo, el Sacromonte y el Albaicín Alto, a través de recorridos por calles estrechas y empinadas, salpicadas de edificios singulares. Cármenes y miradores se suceden, ofreciendonos una mirada imborrable de la majestuosa Alhambra y el valle del río Darro que los separa.

En el siguiente capítulo descendemos a la Granada llana para visitar **La Catedral y su entorno.** Texto y fotografía se funden para ayudarnos a recorrer este conjunto variopinto y espectacular, con parada obligada en sus dos joyas arquitectónicas: la Catedral y la Capilla Real. Pero también descubriremos otros muchos lugares y monumentos, como la Alcaicería, la Madraza, el Corral del Carbón, la Plaza Bibrambla... Estamos en el corazón de la Granada del siglo XXI flanqueados por la Historia.

Al noroeste se extiende un amplio despliegue de Iglesias y Monasterios a cuyo recorrido hemos dedicado otro capítulo: **Del monasterio de la Cartuja al de San Jerónimo.** Mientras que el Monasterio de la Cartuja está más alejado del entorno catedralicio, la mayoría de los demás monumentos religiosos y civiles descritos no distan más de quinientos metros de la Catedral, por lo que es posible visitarlos todos en menos de media jornada.

Existen otros lugares de la ciudad, fuera de los capítulos precedentes, que no deberíamos dejar de ver si disponemos de tiempo. A ellos se dedican **Otros rincones y paseos,** que incluye también, como epígrafe especial, una selección de los museos y casas museo más interesantes de Granada.

Y esta agradable compañía con el lector finaliza abriéndole la ventana a **la Provincia.** Las imágenes de estas páginas llaman a disfrutar del paisaje, la luz y la tranquilidad de sus parajes, a los que sin duda debería programarse una visita expresa.

Finalmente, desearíamos como editores, haber contribuido a que, a través de este libro, su encuentro con Granada les haya dejado una huella indeleble.

El equipo editorial

"Rendición de Granada", obra de Francisco Pradilla.

Un poco de Historia

En los primeros tiempos estas tierras de Granada y su provincia estuvieron habitadas por tribus ibéricas, como dio fe el descubrimiento de "la Dama de Baza", joya del arte ibérico. Posteriormente, los fenicios fundaron en la costa las colonias de "Salubinia" (Salobreña) y "Sexi" (Almuñécar). No hay muchos indicios del paso de la cultura griega, pero sí de la romana. Parece ser que al principio hubo aquí un asentamiento de población llamado Eliberris (Ilíberis – Ilbira – Elvira), situado en el valle del Darro, en la colina del actual Albaicín, que daba nombre a toda la región. Con la cristianización de Ilíberis por San Cecilio en el siglo I se fundó en ella una sede episcopal, celebrándose en el siglo IV el "Concilio de Elvira", primero que tuvo lugar en la Península. Cuando los musulmanes conquistan la Península existían tres importantes núcleos de población en la zona: dos romano-godos, "Ilíberis", ya citada, y "Castilia", al pie de Sierra Elvira. El tercero era judío, "Garnatha Alyehud", al pie de Torres Bermejas, que era más bien un arrabal de Ilíberis. En un primer momento los musulmanes ocuparon Castilia, llamándola "Medina Ilbira" (Medina Elvira), la capital de Elvira, y al vecino núcleo de la colina del río Darro lo denominaron Granada. A comienzos siglo XI Zawi Ibn Zirí trasladó su corte y la capital del reino, que estaba en Medina Elvira, a la colina del actual Albaicín, donde estaba la antigua Ilíberis. Es en este momento cuando se considera que nace Granada para la historia.

Mucho se puede escribir de los años en que los pueblos musulmanes ocuparon la Península Ibérica, pues duró casi ocho siglos. Sin embargo, por lo que respecta a la historia de Granada, hay dos periodos muy concretos por destacar, que a su vez corresponden con dos dinastías que reinaron en esta ciudad: El de la dinastía Zirí (años 1013–1090) y el de la dinastía Nazarita (años 1238–1492). Los ziríes, porque la construyeron y la fundaron como reino independiente. Los nazaritas, porque fueron la última monarquía musulmana reinante en España, manteniendo en Granada, su joya más preciada, la capital. Además, en el periodo medieval nazarita la ciudad se engrandeció y creció más que nunca.

El Reino Nazarita de Granada, con una población superior a 400.000 habitantes, se extendía desde el Cabo de Gata hasta Gibraltar, incluyendo las actuales provincias de Almería, Granada, Málaga, parte de Cádiz y de Jaén. No fue la Granada Nazarita un imperio dominador y fuerte, como el de Córdoba, sino un reino cercado, que desde su origen tuvo que pagar tributos a la poderosa corona castellana y que, consciente de su debilidad, buscó siempre apoyo en la amistad con sus enemigos. Paradójicamente, y como contrapunto a esta debilidad militar, Granada fue un reino fuerte en lo intelectual y cultural, recalando en ella grandes poetas, artistas y pensadores. En este periodo la ciudad se ensancha y crece más que nunca, pues vienen a cobijarse en ella musulmanes provenientes de Úbeda, Baeza, Antequera y otras poblaciones, llegando a contar con unos 50.000 habitantes según algunos historiadores. No sólo se construyó la Alhambra, sino que se hicieron mezquitas, palacios, hospitales, y hasta una Universidad.

Con la conquista de Granada por los Reyes Católicos, el 2 de enero de 1492, comienza la era cristiana. Un nuevo periodo de esplendor en el que los nuevos reyes cristianos mimarían la ciudad hasta la saciedad, pues no en vano con su conquista terminó el largo periodo de la Reconquista. Para reafirmar el triunfo de la religión católica sobre el Islam, se edificaron en Granada gran número de iglesias, conventos y monasterios. En esos primeros años, correspondientes al del reinado de los Reyes Católicos y del emperador Carlos V, se construyen los grandes monumentos cristianos de la ciudad: Capilla Real, Catedral, Convento de Santa Isabel la Real, Universidad, Palacio de Carlos V, Monasterio de San Jerónimo..., que corresponden al Gótico tardío y al Renacimiento. En este periodo vendrían a trabajar Granada artistas de la talla de Egas, Siloé o Machuca.

Si bien, en los primeros años posteriores a la conquista, supieron convivir aquí cristianos vencedores, judíos y moriscos[1]; con el paso de los años, las posiciones ideológicas de los vencedores se fueron radicalizando, limitando cada vez más a las poblaciones de las otras religiones los derechos que en un principio les habían otorgado. Llegó a ser incluso más la intolerancia hacia los judíos, que fueron expulsados, que hacia los moriscos, que sí que fueron tolerados. No obstante, a finales del siglo XVI, coincidiendo con el reinado de Felipe II, se produce una total mutilación de los derechos de los moriscos, acosados por impuestos y una mayor intolerancia hacia sus costumbres, lo que culminó en la sangrienta "Rebelión de los Moriscos" o "Guerra de las Alpujarras" (1568-1571). Los moriscos fueron vencidos y con posterioridad, en el reinado de Felipe III, expulsados. Esto supuso un enorme retroceso en la economía, la agricultura y la artesanía nacional, pero sobre todo en Granada, por la enorme y enriquecedora influencia que aquí ejercieron.

En el Barroco y Postbarroco, siglos XVII y XVIII, Granada vuelve a vivir un nuevo florecimiento arquitectónico. Es la época de monumentos como el Monasterio de la Cartuja (terminado), las Basílicas de San Juan de Dios y de la Virgen de las Angustias, o la Iglesia del Sagrario. Surge una nueva pléyade de grandes artistas, que crearon escuela dentro y fuera de la ciudad: Alonso Cano, Pedro de Mena, José Risueño, los Mora....

Hay un declive en el comienzo del siglo XIX, con la invasión napoleónica, que destruyó parte de la riqueza monumental de la ciudad. El año 1829, el escritor norteamericano Washington Irving, viene a Granada y escribe los "Cuentos de la Alhambra". La ciudad volvió a resurgir, pues vinieron a ella, atraídos por sus leyendas, multitud de escritores, artistas y viajeros románticos: Dumas, Daumier, Delacroix, David Roberts..., que la inmortalizaron y le dieron una dimensión universal.

Con la venida de la reina Isabel II, en 1862, y la coronación del poeta José Zorrilla en el Palacio de Carlos V, en 1889, Granada cobra un nuevo auge, tomándose medidas para la restauración de la Alhambra, que finalmente se abrirá al público con don Alfonso XIII. Desde entonces hasta nuestros días, Granada ha ido engrandeciendo su fama, en especial durante la "Generación del 27" con Federico García Lorca, Manuel de Falla, Pablo Neruda, Salvador Dalí o Juan Ramón Jiménez, que la elevaron a la cima de las ciudades artísticas, literarias y musicales, no sólo de España, sino del mundo.

[1] En un principio los Reyes Católicos aceptaron respetar las prácticas religiosas de los musulmanes vencidos, que a cambio pagaban un tributo. No obstante, al poco tiempo les obligaron a adoptar la religión católica. Estos nuevos cristianos, musulmanes recién bautizados y convertidos al cristianismo, eran conocidos como moriscos. En el bautizo recibían nombres cristianos, aunque en la mayoría de los casos su cristianismo era sólo aparente, pues seguían viviendo conforme los ritos y costumbres musulmanas.

La Alhambra

INCLUYE TEXTOS MONOGRÁFICOS

PLANO DE LA ALHAMBRA Y

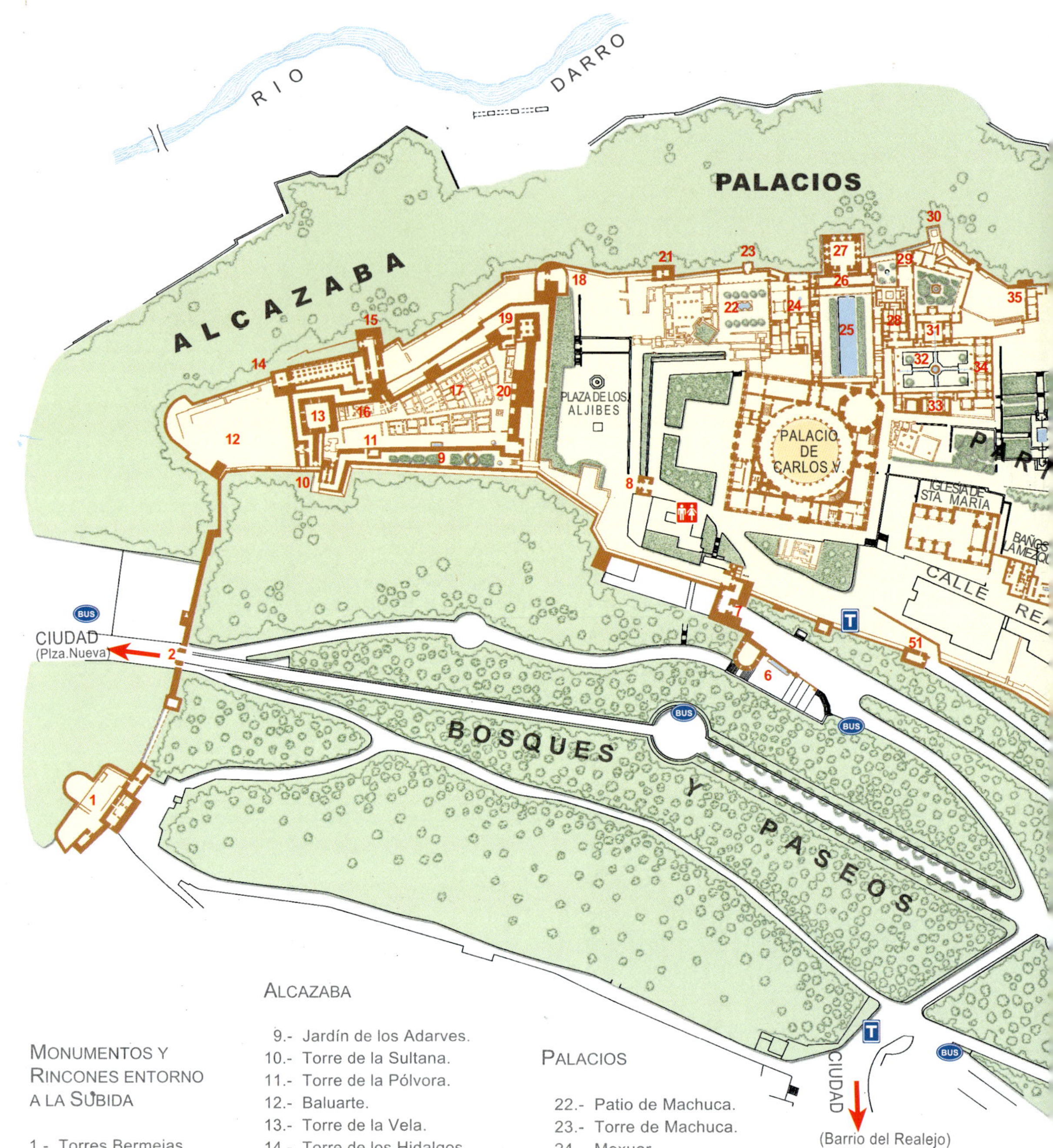

ALCAZABA

9.- Jardín de los Adarves.
10.- Torre de la Sultana.
11.- Torre de la Pólvora.
12.- Baluarte.
13.- Torre de la Vela.
14.- Torre de los Hidalgos.
15.- Torre y Puerta de las Armas.
16.- Baños de la Alcazaba.
17.- Barrio Castrense.
18.- Torre del Cubo.
19.- Torre del Homenaje.
20.- Torre de la Quebrada.
21.- Torre de las Gallinas.

MONUMENTOS Y RINCONES ENTORNO A LA SUBIDA

1.- Torres Bermejas
2.- Puerta de las Granadas.
3.- Fuente del Tomate.
4.- Monumento a Ganivet.
5.- Fuente del Pimiento.
6.- Pilar de Carlos V.
7.- Puerta de la Justicia.
8.- Puerta del Vino.

PALACIOS

22.- Patio de Machuca.
23.- Torre de Machuca.
24.- Mexuar.
25.- Patio de los Arrayanes.
26.- Sala de la Barca.
27.- Salón de Embajadores.
28.- Baños Reales.
29.- Habitaciones del Emperador.
30.- Peinador de la Reina.
31.- Sala de Dos Hermanas.
32.- Patio de los Leones.
33.- Sala de los Abencerrajes.
34.- Sala de los Reyes.

EL GENERALIFE

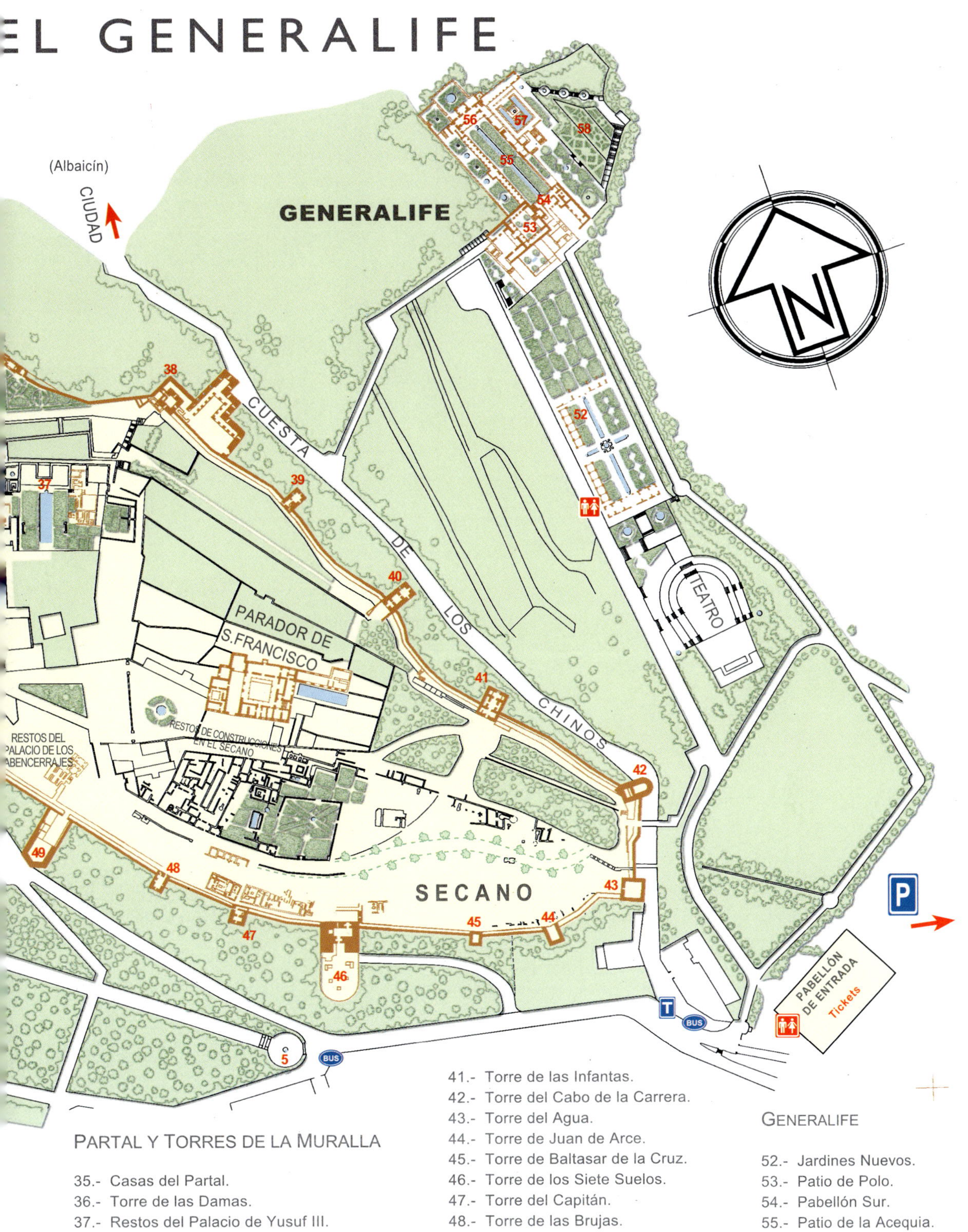

PARTAL Y TORRES DE LA MURALLA

35.- Casas del Partal.
36.- Torre de las Damas.
37.- Restos del Palacio de Yusuf III.
38.- Torre de los Picos.
39.- Torre del Cadí.
40.- Torre de la Cautiva.
41.- Torre de las Infantas.
42.- Torre del Cabo de la Carrera.
43.- Torre del Agua.
44.- Torre de Juan de Arce.
45.- Torre de Baltasar de la Cruz.
46.- Torre de los Siete Suelos.
47.- Torre del Capitán.
48.- Torre de las Brujas.
49.- Torre de las Cabezas.
50.- Torre de Abencerrajes.
51.- Puerta de los Carros.

GENERALIFE

52.- Jardines Nuevos.
53.- Patio de Polo.
54.- Pabellón Sur.
55.- Patio de la Acequia.
56.- Pabellón Norte.
57.- Patio de la Sultana.
58.- Jardines Altos.

Situación de las distintas zonas del monumento: su recorrido en el libro

DATOS DE INTERÉS:
El billete de entrada da acceso a tres zonas independientes del monumento.

1.- ALCAZABA: Se accede desde el lado oeste de la **Plaza de los Aljibes** (nº 1), la explanada que hay junto a la Puerta del Vino.

2.- PALACIOS: La entrada se encuentra frente al costado norte del **Palacio de Carlos V** (nº 2).
Junto a los Palacios, a la salida, se encuentran el Partal y las Torres.
* En esta zona del monumento la hora de entrada aparece delimitada en el billete.

3.- GENERALIFE: Tiene varios accesos posibles. La entrada principal está junto al **Pabellón de entrada** (nº 3); también se puede accede desde el control que hay junto al Parador de San Francisco, atravesando el Secano (nº 4); por último, recorriendo el paseo que transcurre entre el **Partal y las Torres** (nº 5), al final del mismo.

Camino del Secano
Paseo del Partal y Las Torres

La Alhambra vista desde el Albaicín.

Introducción

La Alhambra fue una auténtica "ciudad" amurallada, construida por los Reyes Nazaritas, ya en el último periodo de dominación musulmana en España.

Escudo de los Reyes Nazaritas.

Casi todo el visitante que viene a Granada y visita por primera vez la Alhambra, se hace siempre las mismas preguntas: ¿Qué significa la Alhambra, qué es, quién la mandó construir, por qué motivo...? Preguntas que se acrecientan cuando ya en su interior, y maravillados por su belleza recorremos un poco perdidos los rincones de este monumento. Por eso se hacen tan necesarias las páginas de un buen libro que nos ayude a encontrar las respuestas a éstas y a otras muchas preguntas que nos irán surgiendo.

El nombre *Alhambra* procede de la voz árabe *qalat-al-hamrá,* que significa "roja", "castillo rojo" o "bermejo". Una primera teoría acerca de este significado estaría basada en el color rojizo de los materiales ferruginosos usados en su construcción, en su mayoría ladrillos de adobe. Sin embargo, actualmente se piensa que los muros de la Alhambra eran blancos, como los del Generalife o las casas del Albaicín, y que el color rojo, tal y como nos narra el cronista árabe Ibn Aljatib, proviene del resplandor de las antorchas al caer la noche, que daban a sus muros esta especial coloración. Fueron los habitantes del vecino barrio del Albaicín y de la Vega los que le dieron este nombre.

Pretende esta introducción ser una aproximación inicial, previa a su recorrido, que nos ayude a comprender este conjunto monumental, "joya" de la arquitectura árabe, que fue construido por los sultanes nazaritas del Reino de Granada, ya en el último periodo histórico de dominación musulmana en la Península. Es fundamental para ello tener una mínima noción histórica de lo que supuso la estancia de los pueblos musulmanes en España y Granada. También lo será el que conte-

mos con una referencia espacial de lo que llegó a haber en el interior de la muralla de la Alhambra, pues sólo así podremos comprender lo que realmente fue, una auténtica ciudad palatina de la que únicamente ha llegado hasta nosotros una parte de sus construcciones y palacios.

LOS MUSULMANES ESPAÑOLES, DOMINADORES DE AL-ÁNDALUS (711-1492)

La conquista de Al-Ándalus por los musulmanes, pues así es como llamaron a España, se caracterizó por su rapidez y facilidad. A comienzos del siglo VIII, el reino visigodo que dominaba España estaba muy debilitado por la corrupción y lucha de sus gobernantes, lo que supuso que la ocupación de los territorios por parte de los musulmanes, procedentes del otro lado del Estrecho, fuera muy rápida. Las comunidades de cristianos y judíos existentes fueron toleradas a cambio de tributos, con lo que la población de Al-Ándalus resultó así una mezcolanza de razas y credos.

A priori, costaría entender cómo los pueblos musulmanes, que tienen la "guerra santa" como uno de sus preceptos religiosos fundamentales, permitían coexistir otras religiones en los pueblos que ocupaban. La explicación está en que la judía y la cristiana eran también religiones monoteístas, emparentadas con el Islam a través de *Abraham* (padre de las tres religiones). Es más, para los musulmanes, judíos y cristianos eran "hermanos" equivocados que no querían aceptar el mensaje de Allah. Los musulmanes llamaban a cristianos y judíos *Ahl-al-kitab,* que significa "gentes de libro" (la Biblia), de la que incluso ellos asumieron parte de sus tradiciones y revelaciones anteriores. Es por esto por lo que les otorgaron un estatus especial.

Pero si hay algo que caracterizó la estancia de los musulmanes en Al-Ándalus fue la fragmentación y fragilidad de sus territorios, que hizo que ésta no fuera nunca una dominación pacífica. Fueron tiempos de continuas guerras; ya fuera con los cristianos que poco a poco iban estrechando el cerco por el norte, ya fuera con los propios

La Alhambra y Sierra Nevada.

musulmanes, unas veces del mismo Al-Ándalus, otras, de tribus procedentes del norte de África que continuamente les estaban invadiendo por el sur. Esta circunstancia supuso que para poder mantener la paz en los territorios sus dominadores tuvieran que acudir a políticas de pactos y alianzas. La dominación musulmana en Al-Ándalus y Granada pasó por varios periodos diferenciados:

– EL EMIRATO DEPENDIENTE (711-756): En el año 711, siete mil guerreros musulmanes, en su mayoría bereberes, dirigidos por Tariq Ibn Ziyad, cruzan el Estrecho de Gibraltar y vencen a don Rodrigo (rey visigodo) en las proximidades de Algeciras. Ésta será la primera de otras muchas victorias que supondrán una rápida islamización del país. En este primer periodo, los territorios conquistados estarán regidos por gobernadores que responderán directamente ante el Califa de Damasco.

– EL EMIRATO INDEPENDIENTE (756-929): Este periodo nace en torno a la figura de Abd-al-Rahman I (de la dinastía Omeya), quien desembarca en Almuñécar, en la costa granadina, se hace dueño de Sevilla y en las proximidades de Córdoba, derrota al emir de Al-Ándalus, instaurando de esta forma el emirato independiente. Abd-al-Rahman I gobernó como soberano independiente sin tener que rendir cuentas a nadie, creando un Estado organizado y próspero que casi duró doscientos años.

– El CALIFATO (929-1013): Se inicia con Abd-al-Rahman III, que se proclama califa y príncipe de los creyentes e instaura el Califato de Córdoba. En esta época Córdoba alcanzará su máximo esplendor y Granada permanecerá en un segundo plano, sumisa al Califato.

– REINOS DE TAIFAS - EL REINO ZIRí DE GRANADA (1013-1090): Cuando se produce el

hundimiento de los Omeyas y del Califato de Córdoba, a principios del siglo XI, Al-Ándalus quedó fraccionado en minúsculos reinos o gobiernos llamados *"Reinos de Taifas"*, dominado cada uno de ellos por una familia o dinastía, que muy frecuentemente combatían unos contra otros. En Granada se asentarán los *ziríes,* siendo cuatro los reyes de esta dinastía, bajo cuya dominación fue trasladada la capitalidad del territorio de Elvira a Granada, que con ellos nació como reino.

– LOS ALMORÁVIDES Y ALMOHADES (1090-1231): Podríamos calificar este periodo como el del *dominio bereber,* que trajo un mayor fanatismo religioso y supuso una regresión cultural. Los *almorávides* eran bereberes del desierto recién convertidos al islamismo, que procedentes del norte de África entraron en Al-Ándalus, muy debilitada ya por las continuas luchas de los emires taifas andaluces, barriendo de manera impetuosa a los *ziríes.* La historia volverá a repetirse y aparecerá de nuevo otra tribu de bereberes proviniente del norte de África, *los almohades,* que dominaron la España musulmana hasta el primer tercio del siglo XIII.

Este siglo va a marcar el ocaso de los musulmanes en España (Al-Ándalus), que verán reducidos sus dominios por la acción poderosa de Castilla y Aragón. Todo esto agravado por el mal que siempre ha corroído las entrañas de los hispanoárabes: sus continuas divisiones internas, promovidas por las ambiciones personales de sus reyes.

– LOS NAZARITAS DEL REINO DE GRANADA (1238-1492): Será la última dinastía musulmana reinante en España y surge en torno a la familia de *Nasar o Nazaritas,* que residía en Arjona. De entre ellos destaca la figura de *Muhammad (llamado Ibn Yusuf Ibn Nasr Ibn al-Ahmar),* que fue el gran oportunista de aquella época de agitaciones y luchas, en la que caudillos, más o menos improvisados, aspiraban al dominio del país. Tras diferentes victorias en una serie de territorios, *al-Ahmar* fue adquiriendo popularidad entre los musulmanes, acrecentada, si cabe, por las paulatinas derrotas sufridas por sus rivales, a los que los cristianos iban poco a poco reconquistando territorios.

Muhammad, también conocido como *al-Ahmar, el magnífico,* hace su entrada en la gran ciudad de Granada en el mes santo del Ramadán del año 1238. Y esta fecha, a efectos cronológicos, es la que consideramos como inicio del reino nazarí de Granada. Este reino, último de la España musulmana, comprendió las actuales provincias completas de Granada, Málaga y Almería, y parte de las de Jaén, Córdoba, Sevilla y Cádiz.

Muhammad I (al-Ahmar) se declaró vasallo y aliado del rey Fernando III de Castilla, con lo que Granada aseguró su estabilidad y permanencia. El vasallaje consistió en el pago de un tributo anual de 150.000 maravedíes de oro y asistirle con ciento cincuenta lanzas en las campañas militares que tuviera. Lograda la paz, la población de Granada se triplica, crece la industria y se fomentan las artes y las ciencias. Pero sin duda, la obra más extraordinaria de Muhammad I es que a él le corresponde la gloria de haber iniciado la construcción de LA ALHAMBRA, que sus descendientes irían engrandeciendo. De entre ellos destacan, sobre todo, Yusuf I y Muhammad V, en el siglo XIV, verdadera época de oro del reinado nazarita.

CRONOLOGÍA HISTÓRICA DE LA ALHAMBRA Y DE SUS MONARCAS MORADORES

Convendría antes indicar que la Alhambra no es residencia de reyes hasta el siglo XIII, puesto que los primeros Reyes granadinos, que como se ha indicado fueron los *ziríes,* en el siglo XI, fijaron sus palacios y sus más fuertes defensas en la colina de enfrente, la del *Albaicín.* Y nada queda de ellos salvo el recuerdo y restos de murallas. Fueron los monarcas nazaritas los que por primera vez establecerían sus palacios en la colina de la *Sabika* (la colina de la Alhambra), en donde ya existían restos de otra construcción militar posiblemente del siglo IX.

La Alcazaba. Su construcción corresponde al reinado de Muhammad I (1238-1273).

Llegado este punto, hagamos una breve reseña de la evolución de la Alhambra en su construcción y del papel que en la misma desempeñaron sus monarcas moradores más notables:

– **MUHAMMAD I, AL-AHMAR (1238-1273):** Fundador de la dinastía, de enorme habilidad para la política, a él corresponde el honor de ser quien inicia la construcción de la Alhambra como palacio de los Reyes granadinos. Construyó la Alcazaba a partir de los restos de una antigua fortaleza que ya existía en la colina de la Sabika, estableciendo en ella su palacio. La dotó de agua del río Darro, construyendo un azud. Suyas son la Torre de la Vela y la del Homenaje, en la Alcazaba. Mejoró las defensas y creó depósitos para grano y munición. Probablemente edificó también las murallas.

Palacio del Partal, se atribuye a Muhammad III (1302-1309).

– **MUHAMMAD II (1273-1302):** Un rey estudioso de la ciencia y lector del Corán entre los suyos, por ello los granadinos le llamaron "alfaqui" *(hombre docto).* Continuó la construcción del palacio y del recinto amurallado iniciada por su padre. Parece ser que la Torre de las Damas y la Torre de los Picos, en el costado norte del recinto, también son de ese periodo. Posiblemente pudo ser quien comenzó la construcción del Generalife. También pudo ser él quien construyó el Mexuar (que quizás incluso pudiera haber iniciado su padre).

Palacio del Generalife. Se considera a Ismail I (1314-1325) como su auténtico constructor.

– **MUHAMMAD III (1302-1309):** Un rey ciego y destronado, por eso se le llamó "al-majlu" *(el destronado).* En su reinado aparece un generoso sentido de la tolerancia, vienen muchos extranjeros a Granada y cristianos matrimonian con mujeres musulmanas. A él se debe la construcción de un baño público y de la Mezquita Real sobre la que luego se construyó la actual Iglesia de Santa María. Nuevos estudios le atribuyen también la construcción del Palacio del Partal, el más antiguo de los palacios de la Alhambra.

– **ISMAIL I (1314-1325):** Un príncipe enérgico, los cronistas musulmanes lo adornan con toda clase de virtudes, incluida la castidad. Amplió y redecoró el Generalife; se le suele considerar como su auténtico constructor. Derrotó a los cristianos en las cercanías de Sierra Elvira y allí murieron los infantes don Juan y don Pedro. También ganó la plaza de Martos, en Jaén.

Palacio del Mexuar. No se puede atribuir con exactitud su construcción a un solo monarca. Sí se sabe que es muy anterior a los otros dos palacios de la Casa Real.

– **MUHAMMAD IV (1325-1333):** El emir de trágico destino, fue asesinado. La construcción del Palacio del Mexuar podría ser suya; si bien también es lógico que pudiera haber sido construido, al menos en parte, en la época de Yusuf I.

Palacio de Comares. Fue construido en el reinado de Yusuf I (1333-1354).

– YUSUF I (1333-1354): Con él y con su hijo alcanza el Reino de Granada su máximo esplendor. A ellos corresponde la casi totalidad de los palacios tal y como han llegado hasta nosotros. Reformó la Alcazaba, construyó las Puertas de la Justicia y de las Armas, el Palacio de Comares y los Baños del Palacio. Numerosas torres como la de los Siete Suelos, la del Cadí, la de la Cautiva, la de Machuca y la de Comares fueron posiblemente construidas o reconstruidas por él. Destaca sobre todas ellas la de la Cautiva, que por su rico interior, es como un pequeño palacio. También construyó La Madraza (universidad) frente a la Mezquita Mayor, en Granada. Entre sus méritos militares, en 1340 consiguió destruir la escuadra castellana en aguas del Estrecho de Gibraltar, en la mayor batalla naval del siglo. Murió asesinado por un demente en la Mezquita de la Alhambra.

Palacio de los Leones. Es obra de Muhammad V (1354-1391).

– MUHAMMAD V (1354-1391): El rey que gobernó dos veces, pues le fue usurpado el poder, aunque luego lo recuperó. Continuó la obra de su padre redecorando algunas partes del Palacio de Comares, como su majestuosa fachada de entrada. Su gran aportación será la construcción del Palacio de los Leones, con su conocido patio y todas las salas y edificaciones que lo circundan. También construyó el hospital del "Maristán", en el Albaicín. En su reinado formó un gobierno de intelectuales, entre los que destacaron el polígrafo Ibn-al-Jatib y el poeta Ibn Zamrak. Fue amigo del rey cristiano Pedro I "El Cruel", al que ayudó a restaurar los Reales Alcázares de Sevilla.

– MUHAMMAD VII (1392-1408): Fue un rey belicoso que ocupó el trono pasando por encima de los derechos de su hermano el mayor, Yusuf, al que ordenó encarcelar en el Castillo de Salobreña. En su reinado fue asesinado el poeta Ibn Zamrak. Su aportación más importante a la Alhambra fue la construcción de la Torre de las Infantas, cuyo interior es de los más bellos de todas las torres del recinto. Hay quien atribuye la construcción de esta torre a un monarca posterior, Saad (1454-1464).

Torre de las Infantas. Es una de las últimas edificaciones que se hicieron en la Alhambra. Su construcción corresponde a Muhammad VII (1392-1408).

– YUSUF III (1408-1417): Posiblemente el último gran rey de Granada. Tras él la dinastía nazarita entraría en un período de agonía. Antes de acceder al trono, como ya se ha referido, estuvo encarcelado en Salobreña. Cuentan las crónicas que estando allí, se recibió un correo desde Granada de su hermano Muhammad VII, ordenando su ejecución. Yusuf pidió despedirse de su familia y no se le concedió. Entonces solicitó que le dejasen terminar la partida de ajedrez que estaba jugando con el alcaide de la fortaleza, lo que sí le concedieron. Yusuf, intuyendo que iba a pasar algo, procuró alargar la partida lo más posible, y antes de que ésta terminase, llegó al castillo un grupo de caballeros granadinos que lo liberaron y trasladaron a Granada, siendo proclamado Rey en el año 1408. Construyó el Palacio de Yusuf III en la zona que hoy conocemos como Partal Alto. Si bien actualmente este palacio no existe como tal, quedando únicamente restos, debió de ser, detrás de los palacios de Comares y Leones, la construcción más suntuosa de la Alhambra.

Los posteriores Reyes Nazaritas que vivieron en la Alhambra corresponden a un periodo que podemos calificar como de "agonía y muerte del reino", lleno de luchas civiles y contra los cristianos; por lo que, salvado el reinado de Saad, poco aportaron al monumento. Con ellos se inicia un declive que termina en Boabdil, último Rey Nazarita que entrega oficialmente la ciudad y sus fortalezas a los Reyes Católicos, Isabel de Castilla y Fernando de Aragón, el 2 de enero de 1492.

Palacio del Partal en su estado actual

Dibujo del Palacio del Partal, realizado por Lewis cuando visitó Granada (1833-1834).

Superior derecha e izquierda: *Estas imágenes nos ayudan a hacernos una idea del lamentable estado de deterioro que llegaron a tener algunas estancias de la Alhambra en los siglos XVIII y XIX.*

– LOS REYES CRISTIANOS: Cuando los Reyes Católicos llegan a Granada, ocuparon la Alcazaba y amurallamientos y la Casa Real Nazarita (Mexuar, Palacio de Comares y Palacio de los Leones). El resto de palacios y residencias de la Alhambra lo repartieron entre su corte. Los Reyes Católicos quedaron maravillados por la belleza de estos palacios. Por eso, salvo pequeñas modificaciones para adaptarlos a sus necesidades y formas de vida, los conservaron en su integridad.

Los Reyes Católicos otorgaron a la ciudad alhambreña su propia jurisdicción, poniendo como alcaide de la misma al conde de Tendilla. Los habitantes cristianos de esta ciudad palatina crearon una especie de pequeña corte que conservaría y habitaría las casas y palacios, adoptando incluso muchas costumbres musulmanas. La población estuvo entonces formada por una curiosa mezcolanza de cristianos y moriscos (musulmanes que para poder permanecer en España adoptaron la religión católica, en muchos casos sólo aparentemente, conservando las tradiciones y formas de vida musulmanas). También, lógicamente, se hicieron algunas construcciones cristianas, como la *Iglesia de Santa María,* en el antiguo solar de la Mezquita Mayor. Cuando Carlos V vino a Granada vivió también aquí. Hizo nuevas habitaciones en la Casa Real y ordenó construir el palacio renacentista que lleva su nombre.

Con la llegada de los Borbones a la corona de España, la Alhambra cayó en desgracia. Sus habitantes habían apoyado a la Casa de Austria en el conflicto sucesorio que hubo por la corona de España, entre 1700 y 1713, por lo que no despertaron precisamente la simpatía de la nueva familia real española. Con la invasión de las tropas francesas de Napoleón, la Alhambra corrió verdadero peligro de desaparecer. Las tropas francesas, dueñas de Granada desde 1808 a 1812, convirtieron sus palacios en cuarteles, devastando muchos de ellos. Milagrosamente los palacios de la Casa Real quedaron en pie. En su retirada minaron las torres, destruyendo parte de las mismas. Algunas, como la de los Siete Suelos o la del Agua, quedaron en ruinas.

Así, en los siglos XVIII y parte del XIX, la Alhambra, abandonada, ve sus salones convertidos en estercoleros y tabernas, ocupados por gente de la más baja condición social. Este abandono ha quedado reflejado en los textos y dibujos de muchos de los viajeros que en aquella época visitaron Granada, como Gustavo Doré, Richard Ford, Prangey, Roberts o Lewis. Por fin, en el año 1870, la Alhambra es declarada monumento nacional y desde entonces ha sido restaurada y protegida para deleite y admiración de todos.

LA ALHAMBRA COMO UNA AUTÉNTICA CIUDAD

Todo aquél que la visita por primera vez piensa que la Alhambra es en sí el Palacio Nazarí, o Casa Real, con el Patio de los Leones como eje central y sus dependencias. Pero la Alhambra ocupa una extensión mucho mayor y fue en sus orígenes una auténtica *ciudad palatina,* como una "acrópolis", fortificada y aislada de la ciudad de Granada. Ocupaba una extensión aproximada de unos ciento cuatro mil metros cuadrados, con los mismos edificios y barrios característicos de toda ciudad musulmana.

La tipología de las construcciones más características en todas las ciudades hispano-musulmanas sería la siguiente:

– ***Construcciones religiosas:***
Mezquitas (templos), morabitos (ermitas) y rawdas (cementerios).

– ***Construcciones civiles:***
Casas particulares, alcázares (palacios), madrazas (universidades), fondacs (fondas), funduqs (lonjas para trigo y otras mercancías) y maristanes (hospitales).

– ***Construcciones militares:***
Alcazabas (fortalezas), torres, puertas de acceso a las ciudades y puentes.

Prácticamente la totalidad de estas edificaciones existía en la Alhambra, si bien con el paso del tiempo han ido desapareciendo muchas de ellas, quedando únicamente los restos de la Alcazaba, la mayoría de las torres y los palacios más importantes. Sin embargo, en su momento de esplendor, la Alhambra fue una auténtica ciudad amurallada, con al menos siete palacios, residencias de las más diversas categorías sociales, toda clase de oficinas, la casa de la moneda real, mezquitas privadas y públicas, talleres de diferentes oficios, tiendas, baños públicos y privados, un cementerio real y una fortaleza con cuarteles y presidios.

La ciudad se encontraba protegida por toda la muralla y las torres (llegó a haber hasta treinta), que recorren todo su perímetro. Había al menos tres puertas de entrada a la misma: las puertas de la *Justicia* y la de las *Armas,* ambas fuertemente fortificadas, en la parte noroccidental y suroccidental de la ciudad, cubriendo el acceso a la Alcazaba y la Casa Real. En el sector sureste, se encontraba la *Puerta de los Siete Suelos,* menos fortificada, que era la entrada a la Medina o barrio del pueblo, lo que hoy conocemos como el *Secano* (esta zona ocupaba más de la mitad del recinto). Según la tradición, por esta puerta de *Los Siete Suelos* abandonó Boabdil la Alhambra. Los Reyes Católicos, por respeto a él, ordenaron tapiarla, para que nadie más pudiera atravesarla. La *Puerta del Arrabal* (en la Torre de los Picos), no podemos considerarla como una puerta de la ciudadela, sino un acceso que comunicaba la Alhambra con el Generalife.

Izquierda:
La Alhambra y sus torres vistas desde el Generalife.

LA ALHAMBRA COMO UNA AUTÉNTICA CIUDAD

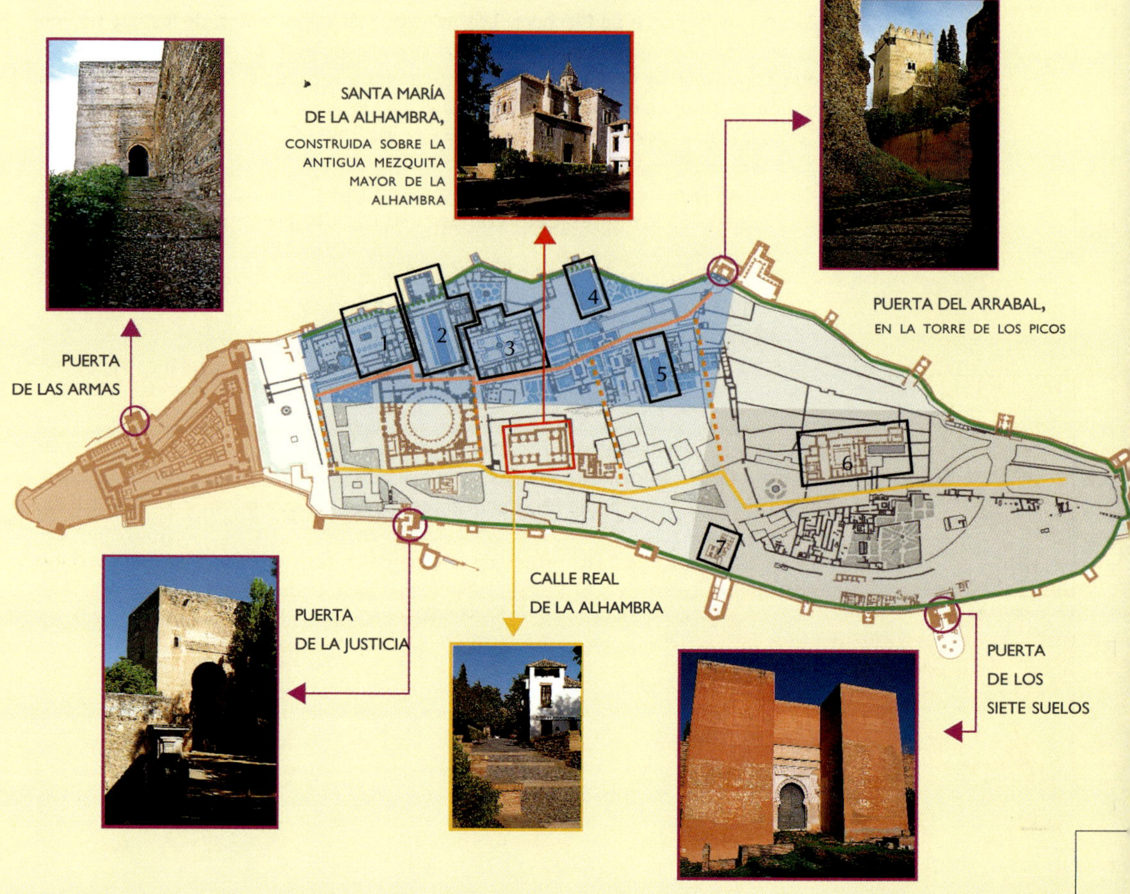

Zona militar, donde residía la guarnición encargada de la seguridad del la ciudadela.

Zona residencial y palatina, ocupada por la familia real, en la que se desarrollaba la vida oficial de la corte. Además de los tres palacios que configuraban la Casa Real Nazarita, en esta zona había otros palacios y casas nobles, lo que hace pensar que aquí residirían las familias más ilustres de la Alhambra.

Zona civil, medina o barrio del pueblo, donde viviría la mayor parte de la población: funcionarios, sirvientes, artesanos y demás habitantes, todos ellos encargados de cubrir las necesidades y el buen funcionamiento de la ciudad. Ha sido la zona más castigada de toda la Alhambra, de la que únicamente han llegado hasta nosotros restos arqueológicos. Por la cantidad de restos encontrados se sabe que la zona más poblada, auténtica medina del recinto, se corresponde con la superficie en la que se aprecia una coloración más intensa.

Calle de circunvalación o camino de ronda: rodea todo el recinto, pegada a la cara interna de la muralla, pasando junto o por debajo de las torres, salvo en el caso de la Torre del Agua, en el extremo más oriental, en que se separa de la muralla. La zona en que esta línea es discontinua corresponde con el paso de esta calle por la parte interna de los palacios.

Calle Real Baja: Atravesaba la zona palatina de un extremo a otro. El trazado de la calle es cierto y seguro en alguno de sus tramos, en otros, es una reconstrucción aproximada.

Calle Real Alta: Atravesaba toda la medina, la más larga y seguramente la más transitada de toda la ciudad. Al igual que en el caso de la calle Real Baja, el trazado delimitado es una aproximación a partir de los estudios y de los tramos cuya certeza sí que se tiene constatada. Parte de su trazado coincide con la actual "Calle Real de la Alhambra", aunque lo lógico es pensar que no sería tan recta ni tan ancha como ésta.

Calles secundarias: Son las más difíciles de delimitar, aunque se sabe que las hubo y que sirvieron para comunicar las calles Alta y Baja. Las trazadas aquí son aquéllas sobre las que las diferentes investigaciones ofrecen una mayor coincidencia.

1.- Palacio del Mexuar.

2.- Palacio de Comares.

3.- Palacio de los Leones.

4.- Palacio del Partal.

5.- Restos del Palacio de Yusuf III. (Alberca central).

6.- Convento de San Francisco. Construido sobre los restos de un antiguo palacio árabe. Actualmente Parador Naciona de Turismo.

7.- Restos del Palacio de los Abencerrajes.

1 

2 

3 

4 

5 

6 

7 

Había una Universidad ("Madraza"), que estaba en el espacio que hay entre la Alcazaba y la Torre de Machuca. Los palacios más importantes, de los que hoy en muchos de ellos sólo quedan ruinas o una parte incompleta, son: los tres palacios que componen la Casa Real *(Mexuar, Comares y Leones);* el *Palacio del Partal* y el *Palacio de Yusuf III,* en la zona del Partal; el *Palacio de los Abencerrajes,* en la zona del Secano; y un importante palacio cedido por los Reyes Católicos a los Franciscanos para que en él establecieran su convento, en donde hoy se encuentra el actual Parador de San Francisco. En este lugar, cuando fue convento franciscano, estuvieron enterrados los Reyes Católicos hasta su traslado posterior a la Capilla Real.

Dentro del recinto había dos sectores muy diferenciados: la "Alhambra Alta", en el sector sudeste, y la "Alhambra Baja", en el noroeste, comunicados por dos calles o arterias principales: la *Calle Real Alta*[1] y la *Calle Real Baja*[2]. En el centro se encontraba la Mezquita Mayor que, como en todas la ciudades musulmanas, suponía el eje en torno al cual giraba la actividad de la ciudad.

Había igualmente tres zonas o barrios en función de la actividad o estrato social de quienes residían en ellos. La zona donde residía el pueblo era *la medina* (ciudad), situada en lo que hoy conocemos como "el Secano", en la Alhambra Alta. En ella vivían funcionarios, artesanos, comerciantes y demás habitantes que cubrían las necesidades principales de la ciudad. La zona donde vivían la guarnición era *el barrio castrense* y estaba en la Alcazaba. La nobleza y la clase alta vivían en *el barrio residencial,* que además de los Palacios o Casa Real, ocupaba parte de la zona del Partal en la Alhambra Baja.

[1] La *Calle Real Alta* nacía en la desaparecida "Puerta Real", junto a la Puerta del Vino. Pasaba por la parte meridional del Palacio de Carlos V, por la actual calle Real y por el paseo que recorre el secano, hasta llegar a la Torre del Cabo de la Carrera.

[2] La *Calle Real Baja* transcurría paralela a la Alta. Partía de la desaparecida Plaza de Comares, junto al Palacio de Comares, y pasaba por las fachadas sur de los palacios de Comares y Leones, atravesando el Partal hasta llegar a la Torre de los Picos, en donde finalizaba.

Documentación del plano:

- Contreras, Rafael. *Estudio descriptivo de los monumentos árabes de Granada, Sevilla y Córdoba - 1878.*
- Bermúdez Pareja, Jesús. *El Partal y la Alhambra Alta.* (Cuadernos de la Caja de Ahorros de Granada, núm. 46 - 1977).
- Díaz, Mari Luz (coordinadora). *El espacio, la luz y las formas... aprendamos a ver la Alhambra,* plano de la página 9. (Cuadernos del programa educativo del Patronato de la Alhambra y el Generalife - 2001).

SUBIDA A LA Alhambra

La subida al monumento es un bello paseo por el bosque de la Alhambra, que se recomienda hacer a pie, por su belleza monumental y paisajística.

Para acceder al monumento nazarí desde la ciudad existen varios accesos posibles. Nosotros, por su interés paisajístico e histórico, recorreremos el que subiendo desde Plaza Nueva, en el corazón de la ciudad, nos conduce al monumento por el bosque de la Alhambra.

Partiendo de esta singular plaza granadina y subiendo la Cuesta Gomérez encontraremos la bella **Puerta de las Granadas,** puerta renacentista construida por orden del Emperador Carlos V y trazada por el artista Pedro Machuca hacia 1536, en el mismo estilo almohadillado de la parte baja del Palacio de Carlos V, ya en el interior de la Alhambra.

La puerta consta de tres arcos de acceso, de los cuales el central, que es un arco del triunfo, es mucho mayor que los laterales. Sobre este arco principal hay un frontón con el escudo imperial en

el centro y tres granadas abiertas en su parte superior, símbolo de la cuidad y que dan nombre a la puerta. La granada central está sostenida por dos pequeñas esculturas que representan a ángeles recostados, según Gómez Moreno, o a las figuras de la paz y la abundancia, según Gallego y Burín.

Página anterior:
Puerta de las Granadas y detalle de la misma.

Superior izquierda:
Fuente del Tomate, en el bosque de la Alhambra.

Superior derecha:
Detalle del Arco de las Orejas, que antiguamente se encontraba en la Plaza de Bibarrambla.

Inferior:
Rincón del bosque de la Alhambra.

Cada uno de los arcos da acceso a tres caminos: el de la derecha lleva a la colina del Mauror, donde están las **Torres Bermejas,** así llamadas por el color de sus muros, que datan del siglo VIII y que fueron reconstruidos después por al-Ahmar. Bajo estas torres se hallaba el barrio del "Mauror", que fue el barrio judío. El central, asfaltado, nos conduce tras varios recodos al conjunto monumental de la Alhambra. El de la izquierda o "Cuesta de la Cruz" igualmente nos conduce al monumento nazarí, pero por la belleza y la riqueza artística que nos deparará al final es el que seguiremos. Todo ello englobado en el **Bosque de la Alhambra,** maravilloso paraje que se comenzó a plantar en época cristiana, en el que los paseos se encuentran bordeados por arroyos de agua que corren todo el año, proveniente de las acequias ubicadas sobre el Generalife y que van a desembocar al río Darro.

En la época árabe no había bosque, pero sí un cementerio donde estuvo enterrado al-Ahmar y descendientes suyos. La cantidad de álamos, castaños, almeces y otras variedades arbóreas datan del siglo XVI y reforestaciones posteriores en el siglo XIX.

Tal y como hemos recomendado, subiremos al monumento por *la Cuesta de la Cruz,* erguida en 1599 por Leandro de Palencia, que además de ser el camino más corto, finaliza

Superior:
Pilar de Carlos V.

Inferior:
Detalle de uno de los mascarones del pilar.

Página siguiente:
Puerta de la Justicia.

en una placeta donde se encuentran el **Pilar de Carlos V** y la **Puerta de la Justicia.** Atravesando esta puerta y a muy pocos metros de subida está la **Puerta del Vino.**

EL PILAR DE CARLOS V

Es un bello monumento renacentista trazado por Pedro Machuca y construido por el italiano Nicolao da Corte en 1545. Tiene tres mascarones que arrojan agua por sus bocas, representativos de los tres ríos de Granada: *Darro, Genil* y *Beiro.* Sobre ellos hay una cartela en latín alusiva al Emperador Carlos V y en lo alto del todo, el escudo imperial. Presenta además otros motivos decorativos como unos niños arrojando agua con caracoles y escenas mitológicas.

LA PUERTA DE LA JUSTICIA

Fue edificada en el año 1348 por Yusuf I. Sobre su portada principal, en forma de arco de herradura, y en el centro exacto, se encuentra labrada una mano con la palma extendida y abierta hacia nosotros, que representa los cinco mandamientos fundamentales del Corán: *unidad de Dios, oración, ayuno o "ramadán", limosna al pobre y peregrinación a la Meca.* Sobre el segundo arco se encuentra labrada una llave con borlón que puede significar: bien la llave de entrada a la "Medina" (ciudad), bien un símbolo para los Sultanes Nazaritas granadinos, pues la encontramos en otras estancias de la Alhambra, o bien la llave de acceso al paraíso, en relación con guardar los cinco mandamientos del Corán antes prescritos. Tres conchas simbolizan el agua, ente religioso árabe por excelencia. Sobre esta puerta, y en el centro de un zócalo de mosaicos originales persas de la época, se encuentra un nicho con la Virgen y el Niño Jesús, copia de la original que se encuentra en el Museo de Bellas Artes y que mandaron colocar allí los Reyes Católicos tras la Conquista de Granada en 1492, para simbolizar la victoria del Cristianismo sobre el Islam.

En su interior la puerta presenta un pequeño pasillo en recodo, con pendiente hacia arriba, indicativo de su función defensiva. La fachada posterior es modesta, con arco de herradura y unos interesantes restos de azulejos antiguos de arcilla esmaltada.

Derecha:
Fachada occidental de la Puerta del Vino. En esta puerta compraban el vino, libre de impuestos, los habitantes de la Alhambra.

Superior:
Detalle de la fachada oriental.

Inferior:
Detalle de la fachada occidental.

LA PUERTA DEL VINO

Una vez atravesada la *Puerta de la Justicia* encontramos un camino recto, que a la izquierda tiene un paño de muralla, restaurado en parte con losas de mármol del cementerio árabe de la Alhambra ("Rauda"). Este camino desemboca en la **Plaza de los Aljibes** y en la **Puerta del Vino.** La *Plaza* se llama así por los depósitos de agua subterráneos que bajo ella mandó construir el conde de Tendilla. La *Puerta* debe su nombre al hecho de que en este lugar, hacia el año 1556, se hacía la mercancía del vino, libre de pago de impuestos, entre los habitantes de la Alhambra y los mercaderes. Se ve bien que el carácter de la puerta no es militar, sino la entrada a una calle de la *medina* o ciudad.

Esta puerta presenta dos fachadas de épocas distintas, con arcos de herradura: la *occidental* tiene encima del arco un friso de dovelas, con la misma llave que antes vimos en la *Puerta de la Justicia,* en la dovela central; una inscripción en yeso de tiempos de Muhammad V y una graciosa ventanita geminada (ventana doble). La *oriental* es muy rica en cerámicas esmaltadas y vidriadas, y encima del friso de dovelas tiene otra ventana geminada, con tableros en yeso de labor vegetal a los lados.

Decoración y ornamentación I:

Técnicas, recursos y elementos decorativos de la arquitectura islámica

Estucos, en el Mirador de Lindaraja. Capiteles de columnas, en el Patio de los Leones.

Así como el aspecto externo de muchos edificios islámicos suele ser sencillo y hasta modesto, sin apenas motivos y elementos decorativos, el interior suele estar profusamente decorado, incluso a veces desde el suelo hasta el techo, sin que pueda apreciarse un solo espacio vacío. Esta contraposición entre exterior e interior, es muy evidente en la arquitectura del norte de África y España. El motivo no es otro que la filosofía de vida de los pueblos musulmanes, que hacían la vida hacia dentro, en el interior de sus casas y palacios.

Se da además la circunstancia, de que en algunas estancias de los palacios alhambreños, la decoración es si cabe todavía más profusa que en otros monumentos musulmanes, estando sus muros totalmente cubiertos y decorados, desde el suelo hasta el techo, sin que quede ningún espacio vacío. Ejemplo de ello, el *Salón de Embajadores* o del *Trono,* en el interior de la *Torre de Comares.* ¿Acaso no sea este hecho un "miedo al vacío" (el *horror vacui* latino) al que *John Huizinga,* en su maravilloso libro[1] "El Otoño de la Edad Media", hace referencia como "una característica de los periodos terminales del espíritu"? ¿No sería que los nazaritas granadinos intuían ya cuando construyeron la Alhambra, que la civilización *arábigo-andalusí* estaba en su periodo terminal, como así fue? ¿No es la Alhambra el "canto del cisne" de los musulmanes en Al-Andalus que, ahogados por la creciente presión de los reinos cristianos, decidieron dejar en Granada su testamento vital?

Hecha esta reflexión centrémonos ahora en las técnicas, recursos y elementos decorativos de la arquitectura islámica, señalando que la variedad y número de los elementos decorativos utilizados en la arquitectura islámica española ha sido menor que la de otros lugares, debido quizá al aislamiento político y geográfico de la Península respecto al resto del mundo islámico. Sin embargo, aunque hay una menor variedad

[1] El autor del libro se refiere en ese caso a la pintura flamenca de los siglos XIV y XV.

monográfico

de técnicas y recursos, el grado de virtuosismo y perfección en la ejecución de los mismos es excepcional. Veamos los más importantes, presentes en los muros y techos de las estancias de la Alhambra.

EL ESTUCO

Se trata del recurso decorativo quizá más ampliamente extendido en el mundo islámico, por lo económico que resulta, por la facilidad con que puede ser moldeado o tallado y porque es capaz de adaptarse a todos los soportes arquitectónicos: muros, pilares, bóvedas... El estuco permitía a los artesanos recubrir una superficie pobre y toscamente terminada, dándolo apariencia de riqueza, perfección y virtuosismo arquitectónico.

El material básico que compone el estuco es el yeso, mezclado normalmente con otros materiales como el polvo de mármol o de alabastro, que le aportan consistencia y solidez. Lo primero que se hacía era preparar una masa con agua y estos materiales. Cuando estaba acabada y con la consistencia idónea se aplicaba a la pared o superficie a recubrir, dejándola preparada para que sobre ella se esculpieran o moldearan los dibujos decorativos.

Una vez que la superficie enlucida con estuco tenía la consistencia necesaria, se esculpía. Podía hacerse directamente, aunque lo normal era dibujar primero (por ejemplo, con polvo de carbón) la superficie a esculpir. Se utilizaba una plantilla con el motivo decorativo, que se superponía a la pared o superficie a ornamentar, se recubría la plantilla con el polvo de carbón y al retirarla, la superficie quedaba dibujada. Ya sólo quedaba que el maestro artesano, pacientemente, fuera recortando con la ayuda de un pequeño cincel las zonas dibujadas.

Esta técnica, totalmente manual, era lenta y laboriosa, por eso, primero en Persia e Irak y posteriormente en España, se usó la técnica del "vaciado", rápida, precisa y que necesitaba menos mano de obra. La diferencia estaba en que la mezcla de yeso, aún blanda, se aplicaba a moldes de madera que contenían los dibujos y cuando estaba seca se le extraía el molde.

El último proceso en ambos casos era el acabado, con el que se daba mayor consistencia, brillo y calidad a la superficie, dándole una pátina con leche de cal u otras sustancias, dependiendo del aspecto final que se quisiera conseguir y de los usos habituales de cada zona geográfica. También, en muchos casos, la superficie acabada se pinta de distintos colores, diferenciándose así aun más el fondo y los relieves del dibujo.

Detalle de los muros del Salón de Embajadores. Red de estuco, tejida entre columna y columna, en el Patio de los Leones.

Ejemplo del juego de formas y luces que originan las composiciones de mocárabes.

"La Alhambra es como un palacio de yeso labrado, en el que el estuco no sólo se utiliza para recubrir la pared, sino que incluso la sustituye. Ejemplo claro de ello es el *Patio de los Leones,* donde las ciento treinta y tantas columnas que lo rodean, no tienen como función la de recibir las cargas transmitidas por la caída de los arcos, sino la de sostener las finas redes de estuco labrado que van de una a otra" (Dominique Clévenot y Gérad Degeorge, *Ornamentación del Islam,* pag. 88).

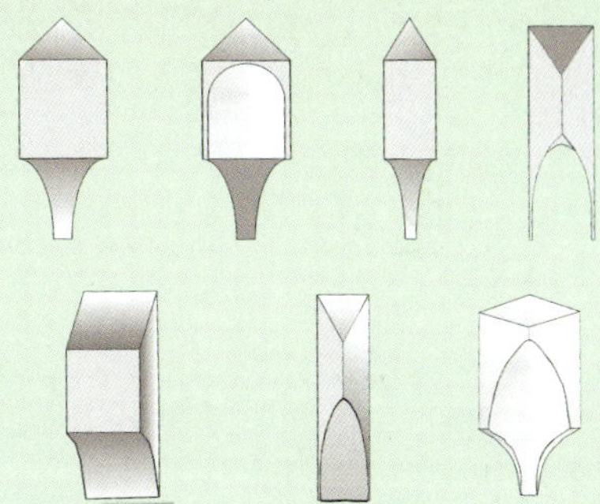

Figura 1

LOS MOCÁRABES

Los mocárabes, en árabe "muqarna", son prismas o poliedros, normalmente de madera o estuco, cortados de forma cóncava en su parte inferior. La gran peculiaridad del las composiciones geométricas a base de mocárabes es que con ellas puede cubrirse cualquier tipo de superficie y volumen invertido, lo que permite su utilización en la decoración de techos, repisas, arcos, pechinas..., si bien su aplicación más sorprendente es en la decoración de los techos, como los de *las Sala de Dos Hermanas* y *Abencerrajes,* un auténtico prodigio en esta especialidad decorativa.

Aunque estas formas se aplican también a la madera, lo más habitual, como en la Alhambra, es que sean de estuco (yeso). Para su realización se utilizaban moldes de madera. Los artesanos empezaban la obra desde abajo, colocando los moldes de madera, que se rellenaban con la masa de yeso. Una vez seco se extraía el molde y se procedía al tallado y pulido, que le daba el acabado final. Las formas prismáticas básicas son siete (figura 1), susceptibles de ser agrupadas en múltiples combinaciones, muy vistosas y complicadas. Estos techos de mocárabes son un prodigio matemático, ya que a base de combinaciones de cuerpos geométricos se consigue llenar completamente un espacio sin que quede ningún hueco vacío. Las bóvedas de estos techos suelen terminar en una estrella octogonal. Los techos de mocárabes son una alegoría a las estalactitas de la gruta en la que, según la tradición islámica, se refugió el profeta Mahoma de sus enemigos, en su huída de la Meca a Medina. También pueden simbolizar el cielo, o un panal de abejas.

Otras utilidades diferentes del mocárabe en la Alhambra las encontramos, por ejemplo, en las pechinas o trompas que a veces sostienen los techos de madera, como en la *Sala de la Barca;* o en los arcos mitrales de algunas estancias, como *la Sala de los Reyes* o a la entrada de *la Sala de la Barca.*

Detalle del techo del vestíbulo que comunica el Patio del Mexuar y el de los Arrayanes.

LA MADERA

Otra de las técnicas en la que los musulmanes eran auténticos maestros era en la carpintería aplicada a la arquitectura. Aleros de los tejados, celosías, puertas y ventanas... Pero donde más destaca y sorprende la utilización de la madera utilizada como elemento decorativo es en los techos. Solían ser de madera de cedro, por ser muy dúctil y resistente, ya que no es atacada por la temible carcoma. Estos trabajos podían realizarse, básicamente de dos formas: bien, tallando y esculpiendo la madera con dibujos geométricos o lazos; bien, con técnicas de marquetería o taracea, que consistía en crear los dibujos sobre la madera embutiendo trozos más pequeños de otras maderas como ébano, limonero, sicomoro, maderas teñidas, otros materiales como concha, hueso, marfil, nácar, plata u otros metales nobles. El efecto final es un juego de formas, colores y texturas sorprendente. Dentro de la Alhambra encontramos numerosos ejemplos, alguno de ellos reproducciones de los techos originales que hubo en otros tiempos. Quizá el más importante de todos sea el del *Salón de Embajadores.*

LA CERÁMICA (AZULEJOS Y ALICATADOS)

Al hablar de cerámica, aplicada a la decoración de edificios, nos referimos a los azulejos o alicatados, que vienen a ser conceptos similares aunque cada uno de ellos con una etimología diferente: "azulejo" proviene de la palabra árabe "az-zulayan", que significa ladrillo vidriado; "alicatado" proviene de la palabra "al-qata´a", que significa pieza o azulejo cortado. Alicatar sería cubrir una superficie con piezas de azulejos cortados.

La pieza de cerámica aplicada a la decoración de edificios apareció entre los siglos XI y XII y supuso una revolución, aunque en un principio los colores eran menos variados, siendo la mayoría de color azul en diferentes tonalidades. Progresivamente las piezas de azulejos irán teniendo un protagonismo cada vez mayor, y mayor también la variedad de colores, sobre todo en los países del norte de África y España, donde este tipo de técnica decorativa se convierte en una auténtica especialidad, con unos niveles de acabado y perfección geométrica sorprendentes. Habitualmente ocupa la parte baja del muro, en combinación con el estuco, que decora la parte superior.

Esta técnica decorativa conlleva un proceso largo que va, desde la **fabricación** de las piezas, hasta la **colocación** de éstas sobre el muro: El proceso de fabricación se inicia con la *elaboración de la pasta,* que se hacía amasando arcilla con agua, utilizando rodillos hasta obtener una mezcla húmeda y plástica. Otro momento es el del *moldeado* de las piezas estándar necesarias para realizar un determinado dibujo. Este moldeado puede hacerse, bien, cuando la pieza está aún blanda, antes de ser cocida, aplicando la masa a moldes que le dan la forma; bien, cortando la pieza cuando está seca y cocida. Las piezas se secan y cuecen en el horno o "mufla". Una vez cocida, y antes del barnizado, la pieza se denomina bizcocho. Lo último es el *barnizado* y *coloreado.*

Los colores se consiguen con óxidos de diferentes metales: azul (cobalto), zafiro (dióxido de cobre), verde (cobre u óxido de cromo)... Cada color, en función de su brillo o acabado exige una cocción específica, por lo que las piezas vuelven a ser introducidas en el horno. Es también muy interesante la simbología que para los musulmanes tienen determinados colores: el verde es el color del Profeta, curiosamente todos los países musulmanes llevan este color en su bandera, sobre todo la de Arabia Saudí, la cuna de Mahoma y del Islam, que es totalmente verde. El amarillo es el color del sol, el azul, el color del cielo, el Paraíso. El rojo, el color de la sangre, el ardor guerrero o erótico.

En cuanto a la colocación y disposición de las piezas, ésta no se realizaba directamente sobre el muro. Una vez que las piezas están silueteadas, ya por corte o por aplicado a moldes, se liman para que encajen perfectamente en el dibujo del que formarán parte. Cuando las piezas se cortaban a regla y golpe de cincel o mediante una "azulea", muchas se quebraban, por lo que su coste era muy alto. Por eso se generalizó el aplicarlas a moldes de hierro, con los que se daba forma a la pieza cuando estaba aún blanda. Los pequeños azulejos se van ensamblando uno a otro, boca abajo y sobre el suelo o una plancha. Cuando todas las piezas están ajustadas, se recubren con masa de mortero. Al secarse la masa, los azulejos forman un bloque unitario y plano que se aplica a la pared. La complicación de algunos dibujos y el pequeño tamaño de las piezas, requiere gran habilidad por parte del artesano que realiza el ensamblado. Cuando la superficie a cubrir no es plana sino curva, la dificultad es aún mayor. En este caso los azulejos se ensamblan, no ya sobre el suelo o una plancha, sino sobre superficies cóncavas con la forma del muro o bóveda a cubrir, y una vez seca la masa de mortero que los une, se alza y se acopla. La complejidad también varía en función del dibujo, tamaño y variedad de las piezas que lo componen, así como la disposición en que éstas aparecen colocadas. En este sentido, podría decirse que en la Alhambra existen dos tipos de zócalos de azulejos: Unos (fotografía B), cuyo dibujo está formado por dos, tres o cuatro piezas distintas, de tamaño mediano o grande, prefabricadas y moldeadas anteriormente, colocadas unas junto a otras, formando una composición en la que se puede disociar fácilmente cada una de las piezas geométricas que configuran el conjunto (cuadrados, triángulos, estrellas...), como por ejemplo los zócalos del *Patio de los Arrayanes.* Los otros (fotografía A), sin duda mucho más complejos de realizar, son aquéllos en los que el dibujo está formado por multitud de piezas diferentes, más pequeñas, recortadas en su mayoría, que se entrecruzan unas con otras formando redes y una interconexión de dibujos geométricos, en los que resulta ya más difícil disociar aisladamente cada una de las piezas del conjunto, como por ejemplo los de los muros del *Salón de Embajadores* o *la Sala del Mexuar.*

Fotografía A

Fotografía B

La Alcazaba

Primera de todas las construcciones que se realizaron en la Alhambra; al abrigo de ella y de la muralla se hicieron todas las demás.

Izquierda:
El Albaicín desde la muralla de la Alcazaba.

Derecha:
Torre de la Vela, la más alta de todas las Torres de la Alcazaba.

Inferior:
La Alcazaba vista desde el Albaicín.

Cuando al-Ahmar accede al trono de Granada en 1238, decide ubicar su palacio, no en la *Alcazaba Vieja* o *Alcazaba Cadima,* en la colina del Albaicín, y hasta entonces residencia de los Reyes de Granada; sino en la colina de la Sabika, sobre los restos de un antiguo castillo que existía allí. A al-Ahmar le pareció mucho más seguro establecer las defensas y la ciudad palatina en esta colina, fuera del recinto de Granada, libre de edificaciones y con fácil salida a la sierra y al mar. La Alcazaba será por tanto, la primera construcción de la Alhambra y al abrigo de ella y de la muralla, irían surgiendo las demás construcciones del recinto.

Construida sobre roca pelada, en sus orígenes sus laderas estaban peladas, ya que el bosque que la rodea actualmente es de época cristiana. Se alza doscientos metros sobre la ciudad de Granada y tiene forma triangular, que en caso de ataque es más fácil de defender que un castillo cuadrado o circular. Esto, unido a la altura de sus torres, las más altas superan los veinte metros de altura, hicieron de ella una fortaleza inexpugnable. Nunca fue tomada, pues la rendición de Granada se hizo fuera de la Alhambra. Los Reyes Católicos cercaron Granada, pero los cristianos nunca entraron en la Alhambra hasta después de la rendición. Inicialmente debió de tener una parte acondicionada como residencia de al-Ahmar, por lo que cumpliría una doble función: alcázar (palacio) y fortaleza. Posteriormente se destinaría únicamente a fortaleza.

Como la mayor parte de la Alhambra está provista de una doble muralla, una exterior y otra interior, entre ambas queda un foso o barbacana que servía de camino interno y que, en caso de asalto, se llenaría de agua. En la parte superior de la muralla, el camino de ronda o paseo de vigilancia comunicaba unas torres con otras. Posteriormente los cristianos realizaron algunas modificaciones sobre la fortaleza original, como "El Cubo" (edificado sobre la Torre de la Tahona) o el Jardín de los Adarves.

EL BARRIO CASTRENSE

Ocupa el centro de la Alcazaba. Actualmente presenta el aspecto de unas ruinas, pero en época musulmana aquí estuvieron las casas de la guarnición, donde vivían los militares que protegían la Alhambra. En estas ruinas se puede apreciar la disposición típica de una casa musulmana: entra-

Superior:
Barrio castrense. Al fondo, la Torre del Homenaje y de la Quebrada.

Inferior:
Torre del Homenaje desde el barrio castrense.

Superior izquierda:
Foso de la Alcazaba. Al fondo, la Torre de la Vela.

Superior derecha:
Torre del Homenaje y muralla inferior. Pueden verse también el foso y el paseo de vigilancia.

Inferior:
Puerta de las Armas.

da, pequeño patio, habitaciones alrededor del mismo (de dos a cuatro) y letrina. De entre todas estas casas destaca, por su mayor tamaño, casi tres veces el de las demás y con una alberca en su centro, la que debió de ser la del jefe de la guarnición.

LAS TORRES DE LA ALCAZABA

De todas ellas la más emblemática es la *Torre de la Vela,* que es también la más alta con veintisiete metros de altura. Su nombre viene de vigilia o vigilancia, pues desde ella se divisaba todo lo que acontecía en el entorno. En época cristiana se le colocó una campana y con ella se regulaban los riegos de la Vega, se avisaba en caso de terremoto o incendio y se llamaba a rebato. Desde ella pueden contemplarse preciosos paisajes del Albaicín, Granada, la Vega y Sierra Nevada, por lo que si es posible se debe subir a ella.

En el costado norte está la *Torre de las Armas,* que alberga la *Puerta de las Armas.* Era el acceso principal de la Alcazaba, por la que entraban a ella y accedían a la Alhambra los que venían del Albaicín, cruzando el Puente del Cadí sobre el río Darro. Es una puerta de carácter militar con una pronunciada pendiente y entrada en recodo. Debe su nombre al hecho de que al entrar en la ciudadela había que depositar aquí las armas, que se volvían a recoger al salir. Junto a ella están las caballerizas.

En el vértice noroeste se encuentra la *Torre del Homenaje,* y a su lado, en el costado este, la de la *Quebrada.*

Ambas con veintidós metros de altura, las más sobrias; bajo ellas, las mazmorras. La tercera torre de este costado oeste es la del *Adarguero,* mucho más baja, pero que originariamente bien pudiera haber tenido la misma altura de las otras dos que le preceden en este costado. Al sur, y en lo que desde época cristiana es el jardín de los Adarves, estarían las Torres de la *Pólvora* y de la *Sultana.*

Superior:
Jardín de los Adarves y Torre de la Sultana.

Inferior:
Torre de la Pólvora en el Jardín de los Adarves.

EL JARDÍN DE LOS ADARVES

Este bello jardín, al sur de la Alcazaba, toma su nombre de la palabra "adarve" o parte superior de la muralla, por la que discurre el camino de ronda. El foso de esta parte de la Alcazaba fue rellenado de tierra y transformado en jardín por el marqués de Mondéjar en el siglo XVII. En la esquina del jardín, donde se encuentra la *Torre de la Pólvora,* hay un balconcillo desde donde se divisa la ciudad, Sierra Nevada, Torres Bermejas y la Vega. Y en un muro, grabada sobre piedra, podremos leer la conocida poesía escrita por Francisco de Icaza, al ver a un ciego tocando su guitarra y esperando una limosna: *Dale limosna mujer, / que no hay en la vida nada, / como la pena de ser/ ciego en Granada.*

Decoración y ornamentación II:
Temas y motivos decorativos más frecuentes

Si hay algo que caracteriza la decoración de los edificios islámicos, es la existencia de una serie de temáticas o motivos decorativos comunes y casi constantes, que se repiten de manera uniforme, al margen de la técnica o material decorativo que se utilice. Estos grandes motivos decorativos son tres: epigráficos, vegetales y geométricos.

MOTIVOS EPIGRÁFICOS

Aunque en otras culturas no llegó a ser arte decorativo , a excepción de los códices de la cristiandad y algún ejemplo más aislado, en la civilización islámica la utilización de la escritura como motivo decorativo logra sentar una base excelsa. La escritura en los edificios islámicos no sólo cumple una función decorativa, sino también iconográfica, comparable y sustitutiva de la función que tienen las imágenes en el mundo cristiano. Sirve para conservar y manifestar la palabra de Dios. Suele utilizarse para estructurar superficies, separando por ejemplo, en forma de franja, la unión del zócalo de alicatado de un muro, de la parte superior, revestida de estuco; o para enmarcar una ventana, la curva de un arco, o un pórtico.

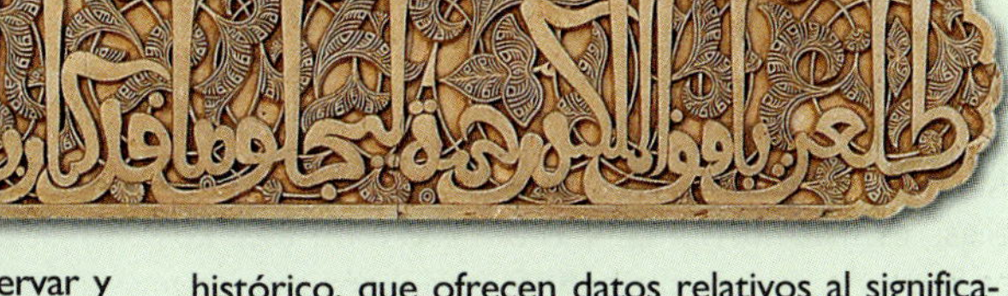

Por su tipografía encontramos dos tipos de escrituras:

– Cúfica: Se caracteriza por su aspecto rectilíneo y angular, proviene de la ciudad de Kufa, en Irak, y es la que primero aparece en la decoración arquitectónica. Es una escritura culta, que solamente sabían leer los eruditos e imanes (sacerdotes). En la Alhambra podemos encontrarla sobre los azulejos del *Salón de Embajadores*.

– Cursiva: La que ilustra esta página. Aparece en la ornamentación arquitectónica, a partir del siglo XII. Se trata de un tipo de escritura de carácter ligado y en forma casi circular y flexible, que en principio sólo se utilizaba en escritos oficiales y administrativos, pero termina por generalizarse, imponiéndose en la ornamentación arquitectónica, al ser la que la mayoría de la gente conoce (la mayoría de la gente que sabía leer y escribir, claro está, pues gran parte de la población no sabía). Casi todas las inscripciones de la Alhambra son de este tipo.

Por su contenido, la mayoría de los escritos que adornan los muros de los edificios son pasajes coránicos. Toda la Alhambra está llena de escrituras religiosas, como el leit motiv "SÓLO ALÁ ES VENCEDOR", que se repite hasta el infinito. También las hay de carácter informativo o histórico, que ofrecen datos relativos al significado del edificio, su fecha de construcción o las personas que lo construyeron. En la Alhambra son también muy frecuentes, aunque extremadamente raras en el Islam antes del siglo XIV, las poesías. En ellas se cantan alabanzas al propio palacio, a los sultanes o se hacen alegorías simbólicas. Los dos poetas mas ilustres del monumento nazarí son Ibn Zamrak, el más importante, e Ibn Yayyab.

MOTIVOS VEGETALES

Si bien el adorno vegetal ya existía en las artes preexistentes, en las artes decorativas islámicas pasa de ser un motivo secundario, a ocupar un lugar central y protagonista, decorando grandes superficies y hasta muros enteros. Esta mirada hacia todo lo que representa la naturaleza tiene una explicación en su fe religiosa, por las continuas referencias que en el

Corán se hacen al Paraíso, entendido como "Jardín de la Felicidad".

Podría hacerse una clasificación del adorno vegetal en dos grandes grupos. El primero, sería el integrado por elementos que podrían calificarse como de un "naturalismo más puro", flores, plantas, árboles, piñas, conchas... Los muros de la Alhambra están repletos de este tipo de motivos, como en el arco mitral que da acceso a la *Sala de la Barca,* donde hay grabados cinco árboles a cada lado del arco, cada uno con su tronco, sus diferentes hojas y frutos, que representan los jardines del Edén. Otro elemento que aparece multitud de veces, quizá el más importante, son las conchas, que simbolizan el agua, la bendición y la palabra de Alá. Se encuentran por todas partes. Sin embargo, donde su simbología es mayor es en los oratorios, como los del *Mexuar y el Partal,* en los que aparecen siempre en número de tres, coronando el Mihrab.

El otro tipo de adorno vegetal, que podría calificarse como de un "naturalismo abstracto", es *el arabesco,* en el que las formas vegetales se desnaturalizan, convirtiéndose en un motivo repetitivo y geométrico. El arabesco es un dibujo "geométrico", cuyo elemento principal es un tallo, que va extendiéndose como una línea continua, haciendo giros, sin límite de crecimiento, a lo largo de toda la superficie del dibujo. De ese tallo se escinden una serie de tallos secundarios frondosos de los que surgen hojas, palmetas o racimos con los que se llenan los espacios vacíos. La simetría y armonía con que el arabesco cubre los espacios, está basada en los mismos principios matemáticos que rigen la decoración geométrica pura. En algunos momentos, este tipo de dibujo llega a tener una abstracción tal, que ni siquiera existe ya el tallo conductor, consistiendo en una superposición de hojas o motivos aparentemente vegetales, que de manera dinámica y rítmica conquistan todo el espacio. El arabesco es uno de los motivos más frecuentes en los estucos que decoran los muros de la Alhambra.

MOTIVOS GEOMÉTRICOS

Los musulmanes heredaron la utilización de los motivos geométricos aplicados a la decoración de edificios de la arquitectura clásica, pero los perfeccionaron y le dieron un grado de complejidad y desarrollo antes desconocido, convirtiendo la decoración geométrica en una modalidad artística de primer orden. Si bien, los motivos geométricos aparecen en todos los materiales utilizados en la ornamentación arquitectónica (estuco, madera, ladrillo ...), es en el revestimiento de muros mediante piezas de cerámica (azulejos o alicatados), donde mayor protagonismo tienen.

Detalles de Arabesco con piñas y conchas intercaladas, en el Patio de los Leones y el Mihrab del Oratorio del Partal

En los motivos decorativos que adornan los alicatados en la Alhambra se esconden regularidades geométricas basadas en figuras que se repiten, colores que mantienen un patrón de dibujo y transformaciones geométricas como las simetrías, rotaciones o traslaciones. La geometría de la decoración ayuda a tener percepciones muy diversas. La repetición de motivos amplía el espacio al infinito. Las diferentes maneras de percibir las configuraciones de figuras, según fijemos la vista, invitan a mirar y remirar para sorprenderse cada vez con nuevas imágenes del mismo alicatado. La simetría de las formas se puede percibir como orden y armonía. El color y la geometría bien articulados potencian la imaginación y el disfrute de lo estético. Subyacente a estas técnicas hay siempre una respuesta a un problema clásico en geometría: ¿qué figuras geométricas pueden recubrir una superficie colocando unas junto a otras, sin que dejen huecos ni se superpongan? Analicemos alguno de los dibujos más representativos de la Alhambra.

Figura 1: esquema del dibujo de la pajarita.

Una de las configuraciones más representativas, conocida como "la pajarita", la encontramos, entre otros lugares, en alguno de los zócalos del *Patio de los Arrayanes.* El espacio se estructura mediante triángulos equiláteros iguales. Se parte siempre de un triángulo, al que modifica cortándole tres segmentos circulares. Estos segmentos se recolocan para mantener la superficie del triángulo original. Así es como se obtiene la forma final de esta pajarita tan conocida. Una estrella de seis puntas y un hexágono, colocados de forma alternativa en el centro, completan la configuración. La figura 1 muestra el esquema gráfico del dibujo final en conjunto. La fotografía de este motivo aparece en la página 33.

Otra de las formas que con más frecuencia aparece es la estrella, que se encuentra en infinitas combinaciones (de 8, 16 o más puntas), originadas por la rotación de cuadrados. Pongamos como ejemplo el de una estrella de 8 puntas, que se origina por la rotación de un cuadrado con un ángulo de 45° (figura 2A). La trama de cuadrados pequeños en que se divide cada cuadrado sirve de guía para trazar las figuras que componen la estrella y los lazos del dibujo (figura 2B). La composición final, tal y como muestra la fotografía que acompaña las figuras, puede combinar estrellas de diferente número de puntas, ensambladas entre sí, formando una red, en la que el lazo es el motivo decorativo que unifica y recorre todo el dibujo. La impresión final es la de una especie de laberinto sin fin compuesto por múltiples formas coloreadas que, vistas en su conjunto, expresan otra perspectiva del paisaje geométrico.

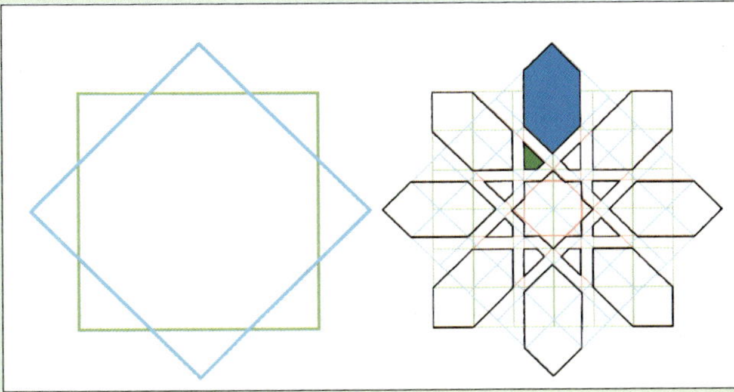

Figura 2A *Figura 2B*

Los Palacios Nazaritas

Constituyen la Casa Real o Alcázar donde se desarrollaba la vida oficial y familiar de los Reyes Nazaritas. Son un conjunto de tres palacios, construidos de manera independiente, que tuvieron cada uno una función diferenciada.

Página anterior:
Detalle de las columnas del Patio de los Leones.

Superior:
El conjunto palaciego, con la Alcazaba al fondo, dominando la ciudad.

Inferior:
Emblemática Fuente de los Leones.

Constituyen la Casa Real o Alcázar donde se desarrollaba la vida oficial y familiar de los Reyes Nazaritas. No ocupan el centro exacto del conjunto monumental, sino un lateral, y están orientados hacia el Albaicín. Realmente, es un conjunto de tres palacios cuya construcción no fue simultánea, sino que se corresponde con un periodo dilatado en el tiempo. **El Mexuar** fue el primero, y por tanto inicialmente sería residencia oficial y morada familiar del monarca. Posteriormente, en época de Yusuf I, se construyó el **Palacio de Comares** y, por último, Muhammad V construyó el **Palacio de los Leones.** Cada uno de estos palacios, construidos de manera independiente, coexistieron como tres dependencias y espacios bien diferenciados, a los que se dio una función propia. *El Mexuar* se utilizó como zona de audiencias destinada al público y a la administración de justicia, el *Palacio de Comares* como residencia oficial del Rey, y *el Palacio de los Leones,* identificado como "harem", constituyó la morada familiar e íntima de la familia real, a la que sólo tenían acceso los más allegados. Estos tres palacios independientes, posteriormente, tras la Toma de Granada, fueron unificados y utilizados como un único palacio en todo su conjunto.

Los Palacios Nazaritas,

Palacios Nazaritas

PALACIO DEL MEXUAR

1. Jardín de Machuca.
2. Torre de Machuca.
3. Sala del Mexuar.
4. Oratorio.
5. Patio del Mexuar.
6. Cuarto Dorado.
7. Fachada del Cuarto de Comares.

PALACIO DE COMARES

8. Patio de los Arrayanes.
9. Galería Sur.
10. Galería Norte
(oculta, tapada por la perspectiva del dibujo).
11. Sala del la Barca.
(oculta, tapada por la perspectiva del dibujo).
12. Salón de Embajadores.
(oculto, contiguo a la Sala de la Barca ocupa el interior de la Torre de Comares).
13. Torre de Comares.

PALACIO DE LOS LEONES

14. Patio de los Leones.
15. Sala de los Mocárabes.
16. Patio del Harem.
17. Sala de los Abencerrajes.
18. Sala de los Reyes.
19. Sala de Dos Hermanas.
20. Mirador de Lindaraja.

BAÑOS REALES

21. Cubiertas abovedadas de las salas de los Baños.

DEPENDENCIAS CRISTIANAS EN LOS PALACIOS NAZARITAS

22. Habitaciones del Emperador.
23. Patio de la Reja o de los Cipreses.
24. Patio de Lindaraja.
25. Peinador de la Reina.
26. Pasillo aéreo que comunica el Salón de Embajadores con las habitaciones del Emperador.

Jardines del Partal

1. Palacio del Partal o Torre de las Damas.
2. Estanque del Partal.
3. Casas árabes del Partal.
4. Oratorio.
5. Jardines.
6. Restos del Palacio de Yusuf III (situados en el límite del dibujo).

LOS JARDINES DEL PARTAL Y EL PALACIO DE CARLOS V

PALACIO DE CARLOS V

1. *Fachada occidental (entrada).*
2. *Museo de la Alhambra (entresuelo).*
3. *Patio.*
4. *Museo de Bellas Artes (piso superior).*
5. *Capilla.*
6. *Sala de introducción a la visita.*

DIBUJO: MESAMADERO

El Mexuar

Es el palacio más antiguo de los tres que configuran la Casa Real, desempeñando dentro de la misma la función de sala de Audiencias, Justicia y Consejo en determinados días para los ciudadanos de Granada. Los elementos diferenciados que encontramos son: *el Jardín de Machuca, la Sala del Mexuar y el Patio del Mexuar.*

EL JARDÍN DE MACHUCA

Se encuentra en el costado este, presenta una galería de arcos con una torre anexa y jardín de traza geométrica con una graciosa alberca en el centro. Originariamente debió haber otra galería frente a la actual. Debe su nombre al hecho de que Machuca, arquitecto del Palacio de Carlos V, habitó la torre y dependencias de este jardín. Por aquí estaba la entrada original al palacio para los que venían del barrio de la Almanzora y del Albaicín.

LA SALA DEL MEXUAR

Se conserva muy desfigurada por las transformaciones hechas aquí por los Reyes cristianos. En la época árabe tenía el techo abierto en su parte central, dejando pasar la única luz por medio de una linterna. Había una cámara elevada, cerrada por celosías, donde el sultán se sentaba a escuchar las demandas de los ciudadanos, sin ser visto. Las ventanas laterales no existían. Cuando Carlos V y los Reyes cristianos la adoptaron como capilla, se hicieron las transformaciones siguientes: se cerró la linterna del techo, se abrieron las ventanas laterales, se colocó un altar en el muro de entrada, flanqueado con paños de cerámica, donde figuran las columnas de Hércules con la misiva "Plus Ultra"; se quitó la cámara elevada donde se colocaba el sultán y en su lugar se construyó el coro de la capilla, de la que sólo queda el frontis. El resto de la decoración de la sala es original de la época, con algunos retoques. Desde las ventanas vemos el *Jardín de Machuca.*

Izquierda:
El Palacio del Mexuar visto desde el exterior.

Superior:
Detalle del Patio de Machuca.

Inferior:
Detalle de la fachada de Comares, en el Patio del Mexuar.

Superior:
Detalle de los muros de la Sala del Mexuar.

Derecha:
Sala del Mexuar, que ha variado notablemente su estado original a causa de las reformas cristianas. Al fondo, en luz más clara, el Oratorio.

Al fondo de esta sala se encuentra **el Oratorio,** un pequeño cuarto desde donde se divisa el Albaicín con los restos de la muralla que lo rodeaba. La parte superior del cuarto se decora con el friso "Sólo Dios es vencedor" y el escudo de los nazaritas. En uno de los extremos del oratorio, se abre un nicho o "Mihrab", equivalente a nuestro altar, en donde sólo podía entrar el sacerdote o "Imán" a dirigir la preces. Su orientación hacia el este mira hacia la ciudad sagrada de la Meca, lugar hacia el que deben orar en postración los musulmanes.

EL PATIO DEL MEXUAR

Está situado a la salida de la Sala del Mexuar. Con una pequeña taza de mármol en el centro, es pequeño y se ve clara su función de medianería y de acceso. Tiene dos fachadas: la *norte,* un pórtico con tres arcos que da acceso al *Cuarto dorado,* y la *sur,* la *fachada del Cuarto de Comares.*

El Cuarto Dorado es una cámara con techo de madera decorado con trabajos árabes, que se doró con "pan de oro" en época cristiana. Esta sala se usó en época árabe para reuniones del Tribunal de Justicia y como recepción de embajadores, por

lo que sirve de enlace entre el palacio público *(Mexuar)* y el palacio oficial *("Diwan" o Palacio de Comares)*.

La Fachada del Cuarto de Comares es espléndida por su riqueza decorativa y su composición. Arriba presenta un alero de madera de cedro con motivos decorativos de piñas y conchas. Bajo él, ventanas cerradas con celosías de madera nos indican las habitaciones de las concubinas que verían detrás de ellas, sin ser vistas. Las dos puertas de forma rectangular y no en forma de arco de herradura, bordeadas con cenefa de cerámica, nos indican la entrada al palacio oficial del sultán.

Entrando por la de la izquierda, y siguiendo su trazado en ángulos rectos y escalonados, llegamos al *Diwan* o *Palacio de Comares.* Es de notar que la entrada a una casa, fortaleza o palacio musulmán, jamás se hacen en línea recta, de manera que el visitante quede desconcertado y le sea más difícil el acceso y la salida, quedando pues, a merced del anfitrión. En los bancos de mármol que flanquean la entrada, se sentarían los soldados guardando la misma.

Superior:
Techo del Cuarto Dorado. Fue dorado con "pan de oro" en época cristiana.

Izquierda:
Patio del Mexuar y fachada del Cuarto Dorado.

Página siguiente:
Patio del Mexuar y fachada del Palacio de Comares.

Palacio de Comares (Diwan)

Superior izquierda:
Detalle de unos de los nichos o tacas a la entrada de la Sala de la Barca.

Superior derecha:
Celosía y greca del Patio de los Arrayanes.

Página siguiente:
Patio de los Arrayanes desde la Sala de la Barca. En el suelo, una de las dos fuentes circulares del patio que simbolizan el ciclo de la vida.

Este palacio fue construido por Yusuf I. Se supone que cumpliría una función antes de la construcción del tercer palacio, el de los Leones, y otra después. Cuando coexistió con este último, fue destinado a cuarto de trabajo del Rey, donde se desarrollaba la vida oficial de la corte. Sus estancias más significativas son: *el Patio de los Arrayanes, la Sala de la Barca y el Salón de Embajadores.*

EL PATIO DE LOS ARRAYANES

Es el centro del palacio, de planta rectangular de la más pura línea de la arquitectura árabe, mide treinta y siete metros de largo por cerca de veinticuatro de ancho. Aquí el agua se convierte en un espejo maravilloso donde todo toma una doble dimensión. Todo se refleja en la alberca con precisión milimétrica, dando sensación de eternidad. Las dos fuentes circulares de los extremos representan el proceso vital: el surtidor es el nacimiento, que al caer va remansando en un ancho círculo, que es la continuación de la vida, para luego correr por el estrecho canal, que es el ocaso, y terminar por fin derramándose en el gran estanque central, la eternidad. Dos hileras de mirtos o arrayanes, plantados a ambos lados del agua, dan nombre al patio.

Las dos galerías de los costados norte y sur son iguales, con siete arcos de medio punto con estilizados capiteles de mocárabes. A ambos extremos de éstas hay abiertos dos huecos, utilizados como alcobas de tertulia, que tendrían la función de lugar de encuentro entre los visitantes del rey y sus secretarios, ministros, etc. En ellas departían antes de la audiencia oficial tomando una

taza de té y fumando la pipa de agua. La *galería sur* colinda con el Palacio de Carlos V, con el que se comunica a través de su cripta. La *norte,* coronada por la Torre de Comares, comunica el patio con la Sala de la Barca y el Salón de Embajadores. En las paredes, poesías de Ibn Zamrak, notable poeta y a la vez ministro de Muhammad V.

LA SALA DE LA BARCA

Está situada en la galería norte del patio. Se accede a ella a través de un arco apuntado con hermosos motivos vegetales en sus enjutas. En las jambas de este arco de entrada hay dos nichos ricamente labrados en mármol con azulejos de colores en sus interior. Se utilizaban para colocar jarrones con agua y flores o lámparas de aceite, según fuera de día o de noche.

Esta sala es la antecámara del salón real *(Salón de Embajadores)*. Su nombre viene, bien de la forma de su techo, en forma de barca invertida, bien de la transcripción de la palabra árabe "baraka", que significa bendición y que figura en su friso inferior. El techo está hecho en el clásico estilo de la taracea o marquetería que iniciaron los árabes en España, aunque no es original, pues gran parte de él ardió en el fuego de 1890. Esta sala, parece ser, fue utilizada como sala de coronación de los sultanes.

Superior:
Vista general del Patio de los Arrayanes. Al fondo, la galería norte y la Torre de Comares.

EL SALÓN DE EMBAJADORES

Se encuentra justo detrás de la *Sala de la Barca*. Es la sala más amplia y elevada de todo el palacio; construida en forma de cubo perfecto, se asienta en el interior de la gran *Torre de Comares*. Sus laterales se hallan abiertos con nueve alcobas y ventanas que estaban cerradas por vidrieras de colores llamadas en árabe "cumarías", de donde viene el actual nombre de la torre.

La decoración asemeja grandes tapices de estuco colgando de la pared y hay diferentes modelos: conchas, flores, estrellas... Esto nos da una visión del sentido naturalista de la arquitectura árabe, que trata de traer la naturaleza a su casa; bien hecha realidad a través de sus ventanales orientados hacia el exterior, bien en sus jardines y patios interiores, bien en una perfecta abstracción o simbolismo representado en estos estucos, azulejos y techos. El motivo de este afán de naturalismo reside en su mentalidad panteísta, de ver a Dios en la expresión viva de su creación. La sala estaba totalmente policromada de color oro en la parte del relieve y de diversos colores en la parte profunda, siempre en colores claros.

Otra de la constantes en los muros de este salón son las escrituras en las yeserías. Aquí las hay de dos tipos que se mencionan en el monográfico dedicado a la decoración y ornamentación *(pág 39)*, tanto cúficas como cursivas. La escritura cúfica, es una escritura culta y rectilínea, que conocían pocas personas. Podemos verla en la parte baja del muro, sobre los azulejos. La escritura cursiva es la normal, siendo la mayoría de las inscripciones de la Alhambra de este tipo.

La parte inferior de los muros está decorada con azulejos. Los de esta sala son posiblemente los más ricos de todo el palacio. La decoración del mosaico gira en torno a una estrella de ocho puntas en su centro, alrededor de la cual giran otras formando círculos concéntricos. Los colores se van alternando en círculos alrededor del central formando una progresión geométrica. Como ya indicamos en las páginas de este libro dedicadas a la decoración y ornamentación, todo el arte árabe está íntimamente relacionado con la perfección espiritual y matemática, en la que eran maestros, como demuestran su sistema numérico, que es el actual y tratados de álgebra, de la que fueron inventores. Los colores que más abundan son amarillo, azul, verde y negro.

El suelo no es el original, que se deterioró y se restauró hacia 1815. El original estaba hecho de cerámica vidriada y en colores blanco y azul. Sólo queda un pequeño resto de mosaicos de este tipo en el centro del salón.

Por lo que respecta al techo, es una obra maestra de la carpintería musulmana. La bóveda tiene dieciocho metros de altura y está hecha de madera de cedro con trozos incrustados de diferentes colores haciendo estrellas. Hay siete coronas de estrellas concéntricas, hasta llegar a la cupulita central, que es el *Paraíso Islámico*. Cada una de estas coronas es uno de los siete cielos que hay que ascender hasta llegar a este *Paraíso*. Las cuatro diagonales del techo son los cuatro

Derecha:
Salón de Embajadores desde la Sala de la Barca.

Superior izquierda:
Techo del Salón de Embajadores. Pueden verse representadas en él las siete coronas de estrellas que preceden a la cupulita central, que sería el "Paraíso Islámico".

Superior derecha:
Detalle de una de las alcobas del Salón.

Página siguiente:
Interior del Salón de Embajadores.

árboles o los cuatro ríos de ese *Paraíso Islámico,* que al igual que en el Antiguo Testamento, es un edén o jardín.

Describamos ahora cómo sería la disposición real de la sala. Debemos entender la "Casa Real" como casa habitada y no sólo como frío museo. Todo se disponía bajo un pensamiento exacto, nada se dejaba al azar. Todo tiene un por qué, sea místico, matemático o esotérico. La sala de forma cúbica representa el mundo y la cúpula el cielo. Todo está bajo Dios. En las alcobas o ventanas se sentarían los visires del Rey, dejando la del centro a éste, de manera que dominase el espacio íntegro de la sala y el exterior. El visitante o embajador que se entrevistaba con él venía del exterior del patio, iluminado plenamente por la luz del día. El Rey y sus ministros estaban en el interior de la sala envueltos en la tenue luz que dejaban pasar las vidrieras de colores que había en las ventanas. De esta forma, el visitante estaba en inferioridad de condiciones al quedar totalmente iluminado por el resplandor exterior, mientras que su interlocutor permanecía en penumbra.

Un detalle muy importante para comprender la casa árabe, es el juego de la luz y los ventanales. Las ventanas que ocupan la parte superior tienen solamente una función decorativa y para dejar pasar el aire, mientras que la luz viene de la parte inferior. Las ventanas son bajas por reclinarse el árabe en el suelo, sobre cojines y divanes. La calefacción era por medio de braseros y la iluminación, con lámparas de aceite. Toda la Alhambra está hecha para ser vista desde el suelo, que es el lugar donde se conjugan todos los espacios y juegos de luz.

Terminemos con un poco de historia, pues fue en este Salón donde Boadbil se reunió con sus nobles y acordó la Rendición de Granada. Fue aquí donde se firmó la misma y donde Carlos V, sorprendiéndose de la belleza de esta ciudadela y de la ciudad, exclamó: "Desgraciado el que ha perdido tantas bellezas".

El Palacio de los Leones (Harem)

En este tercer palacio de la Casa Real transcurría la vida privada del Rey y su familia. El centro lo ocupa el conocidísimo *Patio de los Leones,* alrededor del cual se congregan otras salas y estancias: *Sala de los Mocárabes, Sala de Abencerrajes, Sala de los Reyes* y *Sala de Dos Hermanas*. A continuación de estas estancias y siguiendo el itinerario de visita, encontraremos otras dependencias, algunas construidas por los cristianos y otras árabes como *los Baños,* de enorme interés.

El Palacio se empezó a construir en época de Muhammad V, hijo de Yusuf I, en 1377 y el arquitecto fue Aben Cencid (o Cean), según Rafael Contreras, arquitecto conservador de la Alhambra. Aunque su disposición es un poco grande para ser vivienda, hay pocas dudas en cuanto a esta función (harem), por la forma del grupo de alcobas alrededor del patio, con piso alto abierto, falta de ventanas que miren al exterior y jardín interior, característico del "hortus conclusus" (jardín encerrado) que corresponde a la idea árabe del paraíso y que la misma palabra harem "al haram" nos indica: santuario.

PATIO DE LOS LEONES

Todo aquí es una auténtica alegoría al paraíso; la construcción es un auténtico oasis petrificado y vivo al mismo tiempo. Las ciento veinticuatro columnas de mármol de Macael (Almería), que rodean el patio, simbolizan un bosque de palmeras. Las columnas tienen una plancha de plomo entre el capitel y el fuste y otra entre el

Página anterior:
Patio de los Leones desde la Sala de los Mocárabes.

Superior:
Detalle de una de las galerías del Patio.

Izquierda:
Detalle de la fuente.

fuste y la basa, que hacen de junta de dilatación y de sistema antisísmico en caso de terremoto.

Existen dudas sobre lo que hubo en el suelo del patio en época nazarí. Hay una teoría que mantiene que había plantado un jardín que podría estar a nivel más bajo que el suelo actual, de manera que las flores y arbustos al crecer, no obstruyesen la perspectiva del patio, formando una especie de alfombra de colores. Se fundamenta esta idea del jardín, además de en algunos dibujos antiguos, en unos versos de Ibn Zamrak que hay en el zócalo de la Sala de Dos Hermanas, que hacen referencia al mismo. Otra teoría más reciente, mantiene que no había vegetación, sino que las descripciones más antiguas de este patio indicaban que estaba pavimentado con losas de mármol, y que el jardín que aparece en algunos grabados antiguos se plantó posteriormente a la época nazarita.

La disposición del patio no es enteramente la auténtica árabe, sino que tiene en cierto modo semejanza con un patio de casa romana. El claustrillo alrededor de él es sin duda influencia cristiana. Su trazado es extremadamente complicado, pues tiene siete ejes de simetría. Los dos templetes frente a frente de los costados este y oeste nos recuerdan en su forma a la tienda de campaña, tan habitual en la vida nómada de los pueblos árabes.

Superior:
Vista general del Patio de los Leones.

De cada una de las alas fluyen cuatro arroyos, que se dirigen hacia el centro, en donde se dispersan bajo la fuente. Son los cuatro arroyos del paraíso, que manan de las habitaciones que rodean el jardín, situadas en un plano más elevado, de manera que el agua pueda correr y así, al ser utilizada para las abluciones, permanezca siempre limpia.

Lo que más llama la atención del patio es la fuente, de donde proviene el nombre, que tiene innumerables leyendas en cuanto a su origen y significado. ¿Qué representa esta fuente en el centro del harem? Según unos representa los doce mese del año; otros dicen que son los doce signos del zodiaco; otros, más legendarios, la refieren como las lágrimas de una princesa, que al caer sobre el patio, emergieron como doce leones. Sin embargo, la más cierta por su coincidencia en forma y número, es la que explica su origen en el arte hebreo, en el "Mar de Bronce" del templo de Salomón. Son doce leones de mármol blanco, que sostienen el mar; los doce leones de Judá, o las doce tribus de Israel. Cuenta como factor a favor de esta teoría el hecho de que dos de ellos estén marcados con un triángu-

los leones, con versos de Ibn Zamrak, soportaba otra más pequeña encima, que actualmente se encuentra en el Jardín de los Adarves.

SALA DE LOS MOCÁRABES

De los cuatro aposentos que rodean el patio, esta sala es la primera que encontramos entrando desde el *Patio de los Arrayanes.* Su nombre acaso proceda de los tres arcos de mocárabes que dan entrada al patio y de la bóveda que la cubría, que era de mocárabes. Parte de la actual techumbre se puso en el siglo XVIII. Es la que ofrece menos interés de las cuatro.

SALA DE ABENCERRAJES

Se encuentra en el costado sur del *Patio* y fue, al parecer, alcoba del Rey. Es de planta cuadrada y en el centro se haya la famosa fuente en la que, según la leyenda que da nombre a esta sala, tuvo lugar la decapitación de los treinta y seis caballeros Abencerrajes, que fueron degollados por el adulterio de la favorita del sultán con uno de estos caballeros. El Rey, ayudado por la declaración de los Zegríes hecha en contra de aquéllos, los invitó a su cuarto y conforme iban pasando los iba decapitando, arrojando la sangre en la taza para no advertir a los demás. Todo esto se

Superior:
Fuente central del Patio de los Leones; en su pila está escrito que a los leones, la falta de vida, les impide ejercer su furia.

Inferior:
Detalle de las columnas y los mocárabes junto a la sala que lleva este nombre.

lo equilátero en su frente, que representa las dos tribus elegidas (Judá y Leví). Su procedencia (siglo XI), anterior al palacio, y su probable emplazamiento en casa del visir judío y poeta Samuel Ibn Negrela, que la regaló a su Rey, nos ofrece pocas dudas al respecto. Hermoso regalo que nos trae a la memoria la paz y convivencia que en la época medieval se dio entre las tres religiones monoteístas (judía, musulmana y cristiana) en España; y que nos dio la supremacía en el mundo occidental, sobre todo en Córdoba, Toledo, Sevilla, y finalmente en Granada. La taza que hay sobre

Las yeserías se conservan originales en su mayor parte, al igual que los colores. Sin embargo, en la parte baja, el zócalo no es el original, sino que pertenece al estilo andaluz y proviene de la fábrica de azulejos de Sevilla, fechándose hacia el siglo XVI.

La parte alta está ocupada por el "Chanan", que era el harem alto o de las mujeres, distribuido en largos corredores con patios para solazarse y con balcones abiertos hacia el *Patio de los Leones.*

Izquierda:
Sala de Abencerrajes. En ella, según la leyenda, fueron asesinados los caballeros de la ilustre familia granadina de los Abencerrajes.

Inferior:
Cúpula de la Sala de los Abencerrajes. Los mocárabes que la forman representan a las estalactitas de la cueva, en la que, según la tradición, vivió el profeta Mahoma.

sitúa en los reinos de Muley Hacem, Boabdil o Muhammad XI "el Cojo".

Sobre esta fuente se puede observar toda la panorámica exterior reflejada. En el techo se levanta la hermosa cúpula, en forma de estrella de ocho puntas, de "muqarnas" o mocárabes en yeso, que nos da la sensación de estar en una gruta de estalactitas, con su lago representado por la fuente.

Como era cuarto privado, no hay ventanas que den al exterior, de modo que nadie pueda inmiscuirse en la vida privada. Las celosías que hay en la parte superior sólo son para dejar pasar la luz. El cuarto está dividido en dos partes iguales a ambos lados, de las cuales, una sería dormitorio y otra cuarto de estar, con sólo mesas bajas, divanes, camas turcas y braseros. En la casa árabe no se plantea la estructura de la casa europea, con gran cantidad de cuartos para habitar y exceso de muebles innecesarios.

SALA DE LOS REYES

Está situada al este del patio. Es la sala más larga del harem y está dividida en tres cuartos iguales, con otros dos más pequeños, que pudieron ser armarios por su emplazamiento y falta de iluminación. Los cuartos tienen bóvedas con pinturas moriscas hechas sobre cuero, que nos relatan escenas de cuentos fronterizos. La pintura de la nave central representa diez reyes moros que bien pudieron ser Reyes de la Alhambra, sobre todo por la figura de dos de ellos que tienen barba roja. Uno podría ser el llamado "El Bermejo". La forma de sus ojos almendrados, sus vestidos, así como sus tahalíes y espadas no nos dejan duda de la mano de un pintor morisco. La sala debe su nombre a las pinturas de este cuarto central. Las pinturas de los cuartos laterales podrían haber sufrido influencias cristianas, sobre todo en cuanto a los temas que contienen: caballeros y damas cristianas. Esto se debe quizá a las buenas relaciones habidas entre musulmanes y cristianos en los reinados de Muhammad V y Pedro I "El Cruel". Este último, Rey cristiano, incluso llegó a solicitar ayuda del Rey moro de Granada para restaurar sus palacios de los Reales Alcázares en Sevilla. Estas pinturas han sido objeto de numerosos debates, sobre todo por la existencia de figuras humanas que las leyes coránicas parece ser que prohibían representar, o al menos no son muy frecuentes.

Es curiosa la disposición de esta sala, la más larga de todo el harem e incluso de la Casa Real, cubierta con cúpulas hechas de mocárabes. Pudiera haber sido destinada a sala de consejo o reunión del sultán con sus ministros o generales, para tratar asuntos de estado o de justicia, a los que introducía por una puerta aislada que se halla cerca del vestíbulo de la tercera salita. Pero es difícil que el sultán introdujese a nadie en el interior de esta sala, por ser del harem. Y no tendría nada de extraño que, debido a sus dimensiones, hubiera sido destinada a fiestas familiares o como sala de verano, por su amplitud y habitaciones abiertas, sin puertas, que dan mayor frescura. En esta sala se dijo la primera misa cuando los Reyes Católicos entraron en Granada.

Página anterior:
Sala de los Reyes. En ella fue celebrada la primera misa en la Alhambra, cuando los Reyes Católicos entraron en Granada.

Inferior:
Pinturas en cuero de uno de los cuartos laterales de la Sala de los Reyes. Representan escenas medievales entre musulmanes y cristianos.

Izquierda:
Sala de Dos Hermanas.

Derecha:
Detalle de las yeserías y de una de las ventanas de la sala.

Página siguiente:
Detalle de la cúpula de la sala de Dos Hermanas.

SALA DE DOS HERMANAS

Está situada junto a la *Sala de los Reyes,* en el costado norte del patio, y es una de las más bellas de este palacio. El origen de su nombre tiene dos teorías. La primera mantiene que procede de las dos losas centrales de mármol blanco de Macael que hay en el suelo, a ambos lados de la fuente central. Son exactamente iguales en tamaño (las más grandes de la Alhambra), color y peso. Otra teoría, quizá más cierta, se refiere a las poesías escritas en los muros de esta sala. Una de ellas nos podría dar el origen del nombre: "La constelación de Géminis le extiende la mano en señal de amistad y la luna se acerca a ella para hablar en secreto"; con lo que tendríamos los dos gemelos (Géminis) acercándose a la sala.

La sala fue destinada a las damas distinguidas o favoritas del sultán, que vivían con cierta independencia. Tiene un mirador sobre la ciudad y se comunicaba directamente con los baños por una puertecita que hay a la izquierda.

A la entrada de este cuarto, al igual que ocurre en la *Sala de Abencerrajes,* hay dos puertas pequeñas. Una, la de la derecha, da al "chanam" o harem alto. La otra, la de la izquierda, es la entrada a un retrete. Sin embargo, no hay huellas de cocinas en todo el harem, pues el árabe guisaba sobre anafres u hornillos portátiles y así desaparecía rápido el hollín y no permanecía el olor de comida. En palacio se guisaba fuera para no mezclar el olor con el aroma de las flores.

La cúpula de la sala es espléndida y cabe destacar los huecos que se hacen en ella, con lo que se da sensación de lejanía y movimiento, para de nuevo buscar el simbolismo de la bóveda celeste. Al fondo de la sala se encuentra el *Mirador de Lindaraja.*

EL MIRADOR DE LINDARAJA

Es un cuarto de reducidas dimensiones que fue lugar de esparcimiento de la favorita del sultán. Su nombre viene de la descomposición de las palabras árabes que la forman: "Lin-dar-Aixa", es decir, "Casa de la Sultana". Es, por su exquisitez y belleza, una de las estancias más espectaculares de la Alhambra. Cuarto cuidado en todos sus detalles, pues debía ser regio al término del día. Tiene una hermosa cúpula de madera con cristales de colores incrustados que, al ser traspasados por el sol, colorearían las paredes. La habitación se abría a Granada y al valle del Darro, lo que permitía la ensoñación y el descanso. Las ventanas son bajas, porque así lo requiere la costumbre musulmana de reclinarse en el suelo sobre cojines y otomanas. La vista de la ciudad se perdió cuando el emperador Carlos V mandó construir un pabellón anejo a la sala que rodea completamente el mirador. Afortunadamente para paliar el mal hecho, mandó plantar el jardín, que realmente es un patio, que queda justo debajo del *Mirador de Lindaraja* y que se conoce como el *Jardín o Patio de Lindaraja.*

A partir de esta zona del palacio, encontraremos una serie de dependencias y aposentos, resultado de nuevas construcciones o reformas de otras ya existentes, que llevaron a cabo los cristianos y que junto con los *Baños,* culminan el recorrido de los Palacios.

Dependencias cristianas en los Palacios Nazaritas

Página anterior:
Mirador de Lindaraja.

Superior izquierda:
Detalle de una de las pinturas del interior del Peinador de la Reina.

Superior derecha:
Galería construida en época cristiana. Al fondo, la torrecilla del Peinador de la Reina.

Cuando los Reyes Católicos conquistaron Granada, quedaron sorprendidos de la enorme belleza del Palacio Nazarí; hasta el extremo de fijar aquí su residencia para sus estancias en Granada, llamándolo "Casa Real de la Alhambra". Asímismo, y como ya hemos referido en estos capítulos, llevaron a cabo algunas modificaciones y reparaciones en algunas de sus dependencias. Cuando Carlos V llega a Granada, coincidiendo con su viaje de bodas con Isabel de Portugal, igualmente supo apreciar la hospitalidad y belleza de la ciudad y de un monumento tan singular. Entonces decide construir un nuevo palacio encuadrado en la Casa Real, pero con un estilo más acorde con la forma de vida y la cultura occidentales y que, para diferenciarla de la anterior, sería conocida como "Casa Real Nueva".

No obstante, y como quiera que la construcción de este nuevo palacio sería costosa y no corta en su realización, se emprendió la construcción de unas dependencias dentro del palacio árabe o Casa Real Vieja; sin duda mucho más rápidas y menos costosas que las del futuro Palacio de Carlos V. Estas dependencias serían utilizadas por el Emperador y su familia en sus futuras visitas a Granada.

Estas nuevas estancias supusieron una ampliación de la Casa Real y se encuentran al final del recorrido de la misma.

LAS HABITACIONES DEL EMPERADOR

Son contiguas a *Dos Hermanas*. La única sala visitable es el salón, que está decorado con techos de casetones y el lema "Plus Ultra" junto con las iniciales "K" e "Y", que representan los nombres del Emperador y la Emperatriz ("K" por Karl o Karlo V e "Y" por Ysabel, su esposa, Princesa de Portugal). Posteriormente, el escritor norteamericano Washington Irving, que vivió en la Alhambra, habitó tres de estas habitaciones, donde escribió los celebérrimos *Cuentos de la Alhambra* que tanto ayudaron a esparcir la fama del monumento y de Granada. Existe una placa de mármol en memoria de este escritor que así lo corrobora.

en el centro, que recibe el nombre de los cuatro cipreses centenarios que lo adornan, o también de la reja que en él se construyó para comunicar la *Sala de la Barca* con *las Habitaciones del Emperador.*

PATIO DE LINDARAJA

Este patio es un jardín de estilo italiano, con fuente renacentista en el centro y taza de mármol blanco. Está situado justo debajo del *Mirador de Lindaraja,* de donde toma el nombre, y colinda con el *Patio de la Reja.* Este patio ajardinado resultó de las obras llevadas a cabo por Carlos V y supuso cerrar la zona de Lindaraja, que estaba abierta con vistas al Albaicín y al valle.

EL PEINADOR DE LA REINA

Es un bellísimo mirador que se encuentra junto a las *Habitaciones del Emperador,* llamado así por haber sido transformado en tocador por la emperatriz Isabel; también utilizado más tarde por Isabel de Parma, esposa de Felipe V. Ocupa la parte superior de una torre árabe que Yusuf I, llamado también Abul-Hachach, mandó construir; de ahí que también sea conocida esta torre como **la Torre de Abul-Hachach.** Esta torre, según la tradición, era usada por el sultán como lugar de esparcimiento y fiestas. *El Peinador* (no siempre abierto al público) está decorado interiormente con pinturas al fresco de los pintores italianos Julio Aquiles y Alejandro Mayner, que pintaron escenas renacentistas de metamorfosis en animales y plantas y otras alegóricas a la expedición de Carlos V a La Goleta, Túnez y Sicilia.

Izquierda:
Detalle del recoleto Patio de la Reja o de los Cipreses.

Inferior:
Patio de Lindaraja.

PATIO DE LA REJA O DE LOS CIPRESES

Se accede a él desde un pasillo aéreo construido en época cristiana para comunicar el harem y el *Salón de Embajadores,* desde donde se divisa una bellísima panorámica del Albaicín, el Sacromonte y el Valle del Darro. Es un recoleto y elegante patio de estilo italiano, con una pequeña fuente

Izquierda:
Detalle de los estucos de la Sala de Reposo.

Derecha:
Baño del Rey en la Sala de Inmersión.

Los Baños Reales

Su construcción se realiza en el reinado de Yusuf I (1333-1354). No siempre están abiertos al público por razones de conservación, pero son de enorme interés por la importante función y significado que éstos tienen en la vida del árabe. También se conocen como los *Baños del Palacio de Comares,* puesto que pertenecían a este palacio. De hecho, en época nazarita, se accedía a ellos desde una de la puertas que hay junto a la Sala de la Barca, en el Patio de los Arrayanes. La entrada actual, por la planta inferior, es una reforma cristiana.

El baño es para el árabe una obligación religiosa, ya que el Corán les obliga a la limpieza corporal para tener limpieza espiritual. Los Baños Árabes son una copia de las termas romanas, aunque más pequeños y generalmente adaptados a las necesidades de una casa o palacio. Se sabe que en lo que ocupa el recinto de la Alhambra había numerosos baños; algunos públicos, como los que había junto a la Mezquita; otros privados. Lo normal es que toda casa importante o palacio contara con sus propios baños. Así, el Generalife o el propio Palacio de los Leones debieron de tenerlos. Pero actualmente no existen, si bien por investigaciones se sabe que los hubo. La razón de que casi la totalidad de los baños de la Alhambra desapareciera, está en el hecho de que tras la Reconquista, éstos fueron prohibidos por Cédula Real, pues los cristianos los consideraron como algo malévolo y símbolo de las prácticas religiosas musulmanas. Si éstos del *Palacio de Comares* son los únicos que han sobrevivido, se debe al hecho de que fueron habilitados para uso personal de Carlos V.

Como ya hemos referido, los musulmanes organizan sus baños a partir de la estructura de las termas romanas, realizando sobre las mismas pequeñas modificaciones. Normalmente se dividen en cuatro salas, que también existen en el baño romano: "apoditerium", que es una sala seca, de cambio de ropa, de estancia o reposo para después del baño; "frigidarium", "tepidarium" y "caldarium"; que serían las salas húmedas o de baño propiamente dichas, con agua, altas temperaturas y vapor en el ambiente. La gran diferencia estaría en el "frigidarium" o sala fría, ya que en la

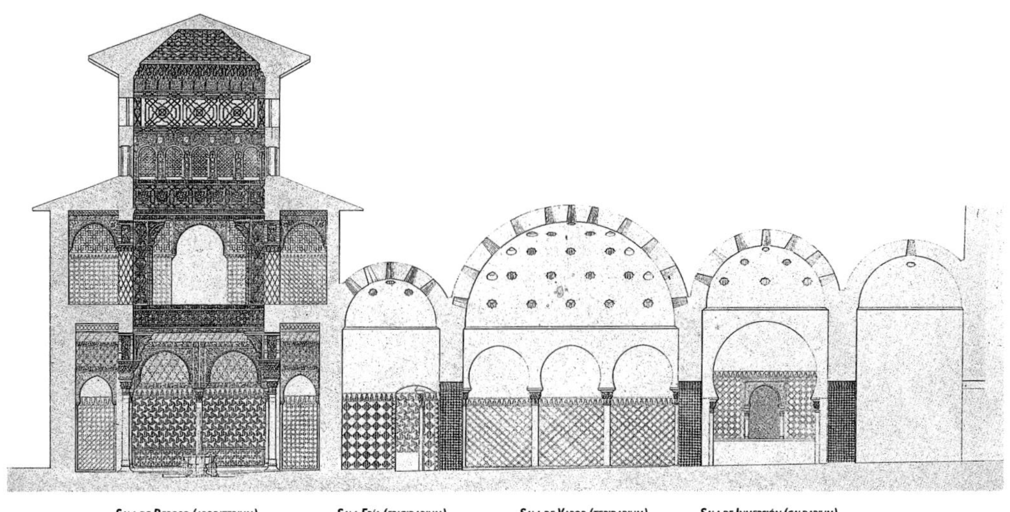

Superior:
Dibujo de Owen, en el que se aprecian las diferentes salas en que se estructuran los Baños.

Alhambra, más que una sala, sería una especie de vestíbulo en el que no hay ninguna piscina de agua fría como tenía el "frigidarium" romano, sino una pequeña pila para las abluciones. El "tepidarium" sería una sala templada y de masaje; y el "caldarium" una sala de calefacción destinada al baño caliente y a la inmersión. Pegando a esta última sala y separadas por un estrecho muro, se encontraban los hornos y la caldera, donde se calentaba el agua y el aire.

En época medieval había dos únicas puertas de acceso desde el exterior, que corresponden a sectores independientes e incomunicados: la utilizada por los bañistas, en el interior del palacio, ya mencionada y que se encontraba en el Patio de los Arrayanes (cambiada después por los cristianos); y la del horno, abajo junto a la galería occidental del *Patio de Lindaraja,* por la que entraba el personal que mantenía caliente la caldera. Los cristianos hicieron algunas reformas más. Lo mas significativo fue la apertura de algunas puertas, lo que debilitaría ese aislamiento primitivo del baño, tan necesario para evitar pérdidas de aire caliente y proteger la intimidad. Hechas estas aclaraciones, pasamos ahora a describir cada una de sus salas.

SALA DE REPOSO

Sería la sala de "cambio de ropa y reposo" ("apoditerium"). No la había en los baños públicos, al menos con la importancia y suntuosidad que tiene la de los Baños Reales. Por ella se accede a los baños. Presenta linternas o divanes colocados a ambos lados del cuarto, en nichos laterales. Estas camas o apoyos se cubrían con cojines y tapetes, sobre los que la familia real descansaba después del baño. Aquí se procedía a desnudarse cuando se iniciaba el baño, y una vez terminado éste se regresaba aquí para descansar, hablar con las mujeres del harem, o bien estar a solas. Incluso se comía, pues la estancia podía durar largo tiempo. Es una de las salas más restauradas de la Alhambra, a la que se ha devuelto la policromía de sus muros, quizá con unos colores que no corresponden con los que había originariamente.

Tiene la peculiaridad de tener dos plantas. En la galería superior grupos de músicos o cantores recitarían versos o tocarían instrumentos. Según la leyenda, éstos eran ciegos, de manera que no viesen a las damas desnudas. Grupos de bailarinas (odaliscas) bailarían en el patio. Aquí se desnudaban los bañistas y se cubrían el cuerpo con tejidos blancos y ligeros, sobre todo la cabeza y espaldas, proveyéndose también de unas babuchas con la suela de madera para entrar en la zona del baño; pues el suelo estaba caliente. También mencionan las leyendas, según Gallego y

Superior:
Sala de Reposo. Tiene dos plantas y es una de las más restauradas de toda la Alhambra.

Burín, que el sultán usaba la galería alta para escoger la dama de turno por la noche, y lo hacía arrojándole una manzana desde arriba. Si esta *Sala de Reposo* está muy restaurada, lo demás se conserva casi intacto, hasta el extremo de que a finales del siglo XVIII permanecía en su sitio la gran caldera de cobre para calentar el agua. A diferencia de esta sala, rica en decoración y ornamentación, las que le siguen son mucho más sobrias. En éstas, el techo tiene forma de bóveda, con huecos en forma de estrella de ocho puntas por las que entra la luz.

SALA FRÍA

Ésta sería la primera de las salas de baño o vapor. Sin embargo no sería un auténtico *"frigidarium"*, más bien una especie de vestíbulo de aclimatación a las otras salas más calientes. No tiene la piscina de agua fría de la terma romana, sino que ésta se sustituye por una pequeña pila que se utilizaría para las abluciones parciales, ya que como prescribe el Corán, antes de orar, hay que bañarse: "lavar los ojos hasta la frente, boca hasta el cuello, manos hasta los codos y pies hasta los tobillos". Es decir, todo aquello del cuerpo que para los musulmanes lleva a pecar. La pequeña puerta que hay a uno de los lados debió de ser la entrada a un retrete.

SALA DE VAPOR

Esta sala ("tepidarium") debería permanecer cerrada, de manera que no pasasen los humos del vapor a la sala anterior. La puerta que actualmente hay en el muro este no existiría en época medieval, pues hubiera supuesto una pérdida de calor. Es la pieza central y más importante de los baños, la más larga. Las lucernas estrelladas de las bóvedas estaban cubiertas por vidrieras de colores. Por las canales del suelo corría agua y a su vez el mármol era calentado por conductos subterráneos, lo que producía vapor en abundancia. A uno y otro lado, separadas del espacio central por triples arquerías, hay sendas alcobas, en las que se supone que permanecerían sentados o acostados para recibir el masaje.

SALA DE INMERSIÓN

Ésta sería la sala caliente ("caldarium"). En ella encontramos dos compartimentos a cada lado, cada uno de ellos con una pila, una para el baño caliente y otra para el frío. En el compartimento de la derecha está la pila conocida como *el Baño de la Sultana*. La pila del compartimento de la izquierda es más grande y se conoce como *el Baño del Sultán;* sobre ella hay un nicho en el que puede leerse una inscripción dedicada al constructor de estas estancias, Yusuf I. Dos grifos daban salida al agua fría y a la caliente. Esta sala colindaba con el horno, por lo que debía de ser la que alcanzaba mayores temperaturas; de hecho, en el centro, el muro sur (el que tocaba con el horno) es mucho más delgado, de forma que pasara la mayor cantidad de calor posible. Probablemente la temperatura interior alcanzara los cincuenta grados centígrados.

El vapor que había en el ambiente abría los poros y, para favorecer este proceso, se frotarían el cuerpo con crines de caballo, enjabonándose después. Finalmente se metían en el baño, echándose agua por encima. Una vez terminado todo el proceso regresarían a la primera sala, en donde se procedía al largo reposo anteriormente descrito.

LAS DEPENDENCIAS DEL HORNO

Estas dependencias se encontraban incomunicadas con el resto de los baños; no sólo para impedir el paso de humo a las zonas de baño, sino también para incomunicarlas de los trabajadores del horno, leñadores y demás personas, que no eran personal de servicio de palacio (como el que pudiera trabajar en las zonas de baño). Además, el continuo trasiego que requiere este tipo de faenas como trocear la leña, almacenarla o alimentar la caldera, enturbiaría el clima de sosiego y tranquilidad de las salas de baño. Sin embargo, sí que existía una comunicación subterránea entre el horno y el "caldarium". Esta comunicación era el "hipocausto", un conducto subterráneo por el que circulaba el aire caliente que fluía del horno y calentaba el suelo de mármol del "caldarium". La caldera era alimentada con maderas aromáticas.

La entrada a estas dependencias que se hacía desde el exterior del palacio, se encontraba al final de la *calle de los leñadores,* hoy desaparecida. Esta calle desapareció como "espacio urbano" al construirse las habitaciones de Carlos V. Parte de ella transcurría por lo que hoy es la galería occidental del *Patio de Lindaraja,* la misma desde la que actualmente se visitan los Baños.

Derecha:
Sala de Vapor; es la pieza central y más grande de todas.

El Partal y Las Torres

Esta zona del monumento estuvo antaño ocupada por hermosas residencias, donde vivieron las familias más ilustres de la Alhambra. Aquí están también las torres más bellas que, por su riqueza interior, son como pequeños palacios.

Esta parte de la Alhambra sería antaño, la zona de la ciudad habitada por las familias más ilustres. Estos jardines estuvieron en otros tiempos ocupados por residencias nobles y hermosos palacios de los que hoy, salvo el *Palacio del Partal (Torre de las Damas),* el pequeño oratorio y algunas casas, sólo quedan restos y ruinas. Aquí están las torres más bellas de toda la Alhambra, orientadas al Albaicín; auténticas estancias palaciegas pensadas más para la vivienda y el disfrute del paisaje que para la defensa de la ciudad.

Los jardines del Partal no son de época musulmana, sino de creación más reciente. Cuando se realizaron las excavaciones e investigaciones en esta zona del recinto aparecieron restos de edificaciones, cuyos muros y pavimentos incompletos apenas superaban el metro. Por lo que, para evitar quizá la triste visión de unas áridas ruinas, se optó por ajardinarlas y volver a dotar de agua los restos de estanques, canalillos y fuentes que se encontraron. Estos jardines sirvieron por tanto para embellecer y acondicionar unos restos arqueológicos que albergaron en época musulmana los palacios y residencias de la aristocracia nazarita. (Jesús Bermúdez Pareja. Cuadernos de la Caja de Ahorros: "El Partal y la Alhambra Alta").

Izquierda:
Palacio del Partal o Torre de las Damas.

Superior derecha:
Estanque y Jardines del Partal.

Inferior derecha:
Detalle del Pórtico de la Torre de las Damas.

Superior izquierda:
Oratorio del Partal desde la galería porticada del Palacio.

Superior derecha:
Estanque del Palacio de Yusuf III.

EL PALACIO DEL PARTAL (TORRE DE LAS DAMAS)

Es el palacio más antiguo que se conserva en toda la Alhambra, de la época de Muhammad III (1302-1309). Su nombre procede de la palabra árabe *Partal,* que significa "pórtico", por ser éste el elemento arquitectónico que más destaca. Desde el siglo XVI también se le conoce con el nombre de *Torre de las Damas.* La torre con galería porticada de cinco arcos y el estanque son los elementos que nos permiten identificar lo que en su día pudo ser el palacio; desconociéndose hasta la fecha con exactitud, si pudo haber naves laterales o muros que cerraran todo el espacio alrededor del estanque.

Encontramos tres espacios bien diferenciados: *la galería porticada,* en la que debe prestarse atención a su techo de madera; *la sala,* al fondo, de la que hay que destacar los restos de zócalos alicatados de la parte baja de sus muros; y *el mirador superior o "palomar",* con yeserías de enorme valor por su belleza y antigüedad. El techo de este mirador, en forma de cúpula y de madera tallada, es una copia. El original fue vendido al último propietario particular de la torre, un alemán llamado Gwinner y actualmente se encuentra en el Islamisches Museum de Berlín. El interior del mirador no suele estar abierto al público.

EL ORATORIO

Se encuentra situado junto a la *Torre de las Damas.* Es una pequeña construcción independiente, con dos ventanas laterales que permiten contemplar las hermosas vistas y paisajes que lo rodean. Hay quien piensa que esto es extraño, ya que la belleza exterior que lo envuelve puede ser una distracción a la oración. Sin embargo, no debemos olvidar que para los musulmanes la naturaleza representa la existencia de Dios y el Paraíso. El interior es de gran belleza. El centro lo ocupa el Mihrab, en forma de arco de herradura, con tres conchas doradas sobre él y compuesto por cinco paneles que representan los cinco mandamientos del Corán.

EL PALACIO DE YUSUF III

De este palacio, asentado en lo que se conoce como *Partal Alto,* no quedan más que restos. Sin embargo, sí que se sabe que fue, después de los palacios que conforman la Casa Real, el palacio más grande e importante de toda la Alhambra. Fue construido por Yusuf III (1408-1417). En época cristiana fue cedido por los Reyes Católicos al primer Alcaide de la Alhambra, Don Íñigo de Mendoza. Don Íñigo tenía los títulos nobiliarios de marqués de Mondéjar y de conde de Tendilla, por lo que el palacio también se conoce con estos dos nombres.

El primer pensamiento que viene a nuestra mente es cómo pudo desaparecer casi en su totalidad un edificio de tal belleza y envergadura. La explicación está en que, cuando se produce el conflicto sucesorio por la corona de España entre los Borbones y los Austrias, los descendientes del Conde de Tendilla dieron su apoyo a la Casa de los Austrias. Por eso, cuando los Borbones por fin acceden al trono, en represalia, quitan a esta noble familia granadina la Alcaldía de la Alhambra y sus derechos sobre este palacio. Esto motivó que los Tendilla, antes de abandonarlo, decidieran destruirlo, para que nadie más pudiera ocuparlo.

Entre los restos que han quedado, todavía podemos ver, inmersos entre jardines, los del patio principal que, por las dimensiones de su alberca (similar a la del Patio de los Arrayanes), nos ayuda a hacernos una idea de la importancia y envergadura que llegó a tener el palacio. También el tamaño de los restos de lo que fueron sus baños, indica que éstos tuvieron que pertenecer a una gran construcción.

Superior derecha:
Torre de la Cautiva y camino de ronda.

LAS TORRES

No se hará referencia aquí a todas las torres del recinto, al menos veintidós (originariamente pasaban de treinta), sino a las que se encuentran en esta zona, orientadas todas al Generalife y al Albaicín. En concreto, *la Torre de los Picos, la Torre de la Cautiva y la Torre de las Infantas.* Estas dos últimas son como pequeños palacios, y por su interior, las más bellas de toda la Alhambra. Por razones de conservación no siempre se encuentran abiertas al público.

– La Torre de los Picos. Vista desde el exterior es la más peculiar, por sus almenas en forma de pico, de las que toma su nombre. En época musul-

Inferior derecha:
Torre de los Picos y baluarte exterior, construido por los cristianos.

Izquierda e inferior:
Motivos exteriores de la Torre de la Cautiva.

Página siguiente:
Interior de la Torre de la Cautiva que, por su riqueza decorativa, es como un pequeño palacio.

mana debió de ser una de las más importantes, por cuanto en ella se encontraba la puerta por la que se accedía de la Alhambra al Generalife, la *Puerta del Arrabal.* Esta puerta era el paso obligado para quienes iban o venían del Generalife. En época cristiana se le añadió un baluarte exterior, quedando la torre y la puerta en el interior; y como puerta exterior, la del baluarte, llamada *Puerta de Hierro.* Esta puerta cristiana y el baluarte pueden verse desde la *Cuesta de los Chinos.*

– La Torre de la Cautiva. Es de tiempos de Yusuf I (1333-1354), tal como se desprende de las inscripciones en yeso sobre el zócalo de la estancia principal, en las que se ensalza la figura de éste. Es como un pequeño palacio dentro de una torre. Habría que destacar la rica decoración de sus estucos y sobre todo los zócalos de alicatado de las ventanas, que por la variedad de colores y sus dibujos geométricos, son de los mejores de la Alhambra y de los pocos que llevan inscripciones en su friso superior, como los del Mirador de Lindaraja. Debe su nombre al hecho de que según la leyenda, aquí vivió aislada la dama cristiana Isabel de Solís, después llamada Zoraya (Lucero de la mañana), que era la favorita del rey Muley Hacem. Estos amores provocaron los celos de Aixa, la esposa legítima, y el enfrentamiento del Rey con la ilustre familia de los Abencerrajes, pues éstos consideraron un gran ultraje el desprecio y humillación que sufrió la Reina por culpa de esta cristiana.

– La Torre de las Infantas. Fue construida siendo rey de Granada Muhammad VII (1392-1408). Es también un pequeño palacio con entrada en recodo y bancos para eunucos o guardianes, patio interior con alcobas adyacentes y una fuente de agua en el centro de la estancia, que no es la original. Desde las ventanas se divisa el hermoso paisaje del Generalife. Es una de las últimas construcciones de la Alhambra musulmana, correspondiendo ya a un periodo de decadencia que se refleja en una decoración más sencilla. La planta superior apenas tiene decoración y sobre ella hay una terraza. El techo original era de mocárabes y desapareció después de un terremoto en el siglo XIX, sustituyéndose por el actual de madera. Sí que es original la curiosa bóveda de la entrada. Debe su nombre a que, según la leyenda, en esta torre residieron tres princesas árabes: Zaida, Zoraida y Zorahaida.

Superior:
Detalle del techo de la Torre de las Infantas.

Derecha:
Interior de la Torre de las Infantas. Puede verse la graciosa distribución de sus estancias.

El Palacio de Carlos V

Cuando Carlos V viene a Granada, decide construir un Palacio de estilo renacentista en la misma Alhambra, que sería conocido como "la Casa Real Nueva".

Como ya se ha hecho referencia en páginas anteriores, cuando Carlos V viene a Granada con motivo de su viaje de luna de miel, queda maravillado de esta ciudad y decide construir un palacio en la misma Alhambra, adaptado por supuesto a su mentalidad europea. Las obras se encargan al arquitecto Pedro Machuca, que ha estudiado en Italia como discípulo de Miguel Ángel, y de ella trae influencia de los maestros del Renacimiento. Es curioso que Machuca, relativamente pobre como pintor, sea recomendado por el Marqués de Mondéjar para tan gran obra y de tanta responsabilidad. Debía de ser conocido por sus facultades de arquitecto y sus conocimientos adquiridos en Italia. Por este motivo, se le hizo estar en Granada coincidiendo con la venida del Emperador, que le conoció y le encargó las obras tras la presentación de los planos. Inmediatamente se le acondicionó un lugar de trabajo, en un ángulo frente al palacio, en lo que llamamos Patio y Torre de Machuca.

Página anterior: *Fachada sur del Palacio de Carlos V.*

Superior izquierda: *Detalle del frontón de la puerta en la fachada sur.*

Superior derecha: *Detalle de uno de los niños que aparecen en la fachada occidental.*

En 1527 empezaron los trabajos. En el año 1550 en que muere Machuca, el palacio estaba aún sin terminar, continuando las obras su hijo Luis, al que siguió en el reinado de Felipe II, Juan de Orea, aconsejado por Juan de Herrera (autor del Monasterio del Escorial). Después siguieron otros, pero su relevancia fue escasa pues ya estaba todo hecho prácticamente.

El palacio se financió con dinero recogido de los moriscos, que pagaban impuestos por seguir viviendo y poder continuar con sus ritos y tradiciones. La cantidad recogida era de 80.000 ducados anuales, de los cuales 10.000 fueron destinados a sufragar las obras del palacio. Otra parte, 6.000 ducados, fue extraída de las rentas de los Reales Alcázares de Sevilla. También se utilizaron para financiar las obras las sumas obtenidas de las conde-

Fachada principal del Palacio de Carlos V.

nas de los penados en los juzgados de Granada, Loja y Alhama. Después de la muerte del Emperador, su hijo Felipe II continuó con los trabajos, pero al estallar la Rebelión de los Moriscos, ocasionando la Guerra de la Alpujarras o de Granada (1568-1571), hubo falta de recursos y se recurrió al dinero recaudado de los azúcares de Granada en la cantidad de 4.000 ducados.

Es muy importante determinar, de una vez para siempre, que el Palacio de Carlos V no destruyó nada importante de la Casa Real árabe, ni de otras construcciones de la Alhambra. Sólo se destruyó una pequeña parte del Palacio de Comares, para construir la capilla y cripta del palacio renacentista que, probablemente fuese una sala gemela a la de la Barca.

EL EXTERIOR DEL PALACIO

De sus cuatro costados exteriores los más importantes por su decoración son el sur y el occidental. La entrada está en este último, que es donde se encuentra la fachada principal, hecha en la más pura tradición renacentista. Presenta una puerta central y dos más pequeñas a cada lado de ésta, entre columnas de estilo jónico. Sobre la puerta central hay dos figuras aladas de mujer, reclinadas sobre el frontón, que nos traen a la memoria los sepulcros de los Médici, hechos por Miguel Ángel. Las puertas pequeñas tienen en su frontón niños con racimos de fruta y sobre ellos medallones en relieve con soldados de caballería. La parte baja del palacio está trazada en estilo "toscano"; mientras que la parte alta apunta ya detalles de una tradición "renacentista tardía", con apuntes churriguerescos en el exceso de frutos arracimados y granadas sobre los frontones y cornisas, que son de estilo jónico. Unos vistosos anillos de bronce aparecen intercalados alrededor de toda la fachada del palacio. La mayoría de los anillos están sostenidos por leones (símbolo real), excepto en las esquinas, en donde los sostienen dos águilas en cada una, que representan el águila bicéfala, símbolo de los Habsburgo.

En el pedestal de las columnas de la fachada principal aparecen bajorrelieves en mármol con alegorías de triunfo, angelotes que sostienen el mundo con la corona imperial, las columnas de Hércules y el lema "Plus ultra" ("más allá"), adoptado por los Reyes españoles a partir del descubrimiento de América. También hay en estos bajorrelieves escenas de la guerra del Emperador con su rival Francisco I de Francia, en

Superior:
Detalle de uno de los medallones de la fachada principal.

Centro:
Frontón de la fachada principal del Palacio.

Inferior:
Detalle de los bajorrelieves del pedestal de las columnas de la fachada.

Página anterior:
Patio circular y doble galería del Palacio.

Izquierda:
Galería superior del Palacio.

concreto la Batalla de Pavía (1525). Los dibujos de estos bajorrelieves los hizo Machuca y los mármoles los tallaron Juan de Orea y Leval.

La parte superior de la fachada se realizó después de la muerte de Machuca. Las columnas centrales son aquí de estilo dórico. Aparecen tres medallones enmascarados en un círculo de serpentina (mármol verde) de Sierra Nevada. En el central se encuentra el escudo de España y en los laterales se hallan escenas de los doce trabajos de Hércules: en uno, Hércules aparece matando al león de Nemea; en el otro, Hércules está sujetando al toro de Minos en Creta.

EL PATIO CENTRAL

En el interior encontramos un enorme patio circular de estilo romano con dos galerías superpuestas; la inferior con treinta y dos columnas estilo dórico, la superior con columnas de estilo jónico. Las columnas son de piedra llamada "pudinga" o "almendrilla", de Turro, un pueblo de Granada. Es probable que el patio tuviese en el centro un brocal de pozo para sacar agua de un aljibe que se encuentra bajo él, y que se descubrió al cubrir el patio con la solería que hoy tiene. Falta tambien la cúpula y la bóveda que cerraría el patio, con una linterna central para dejar pasar la luz. Esta bóveda sería posiblemente de casetones al igual que la que cubre el Panteón de Roma, de donde casi sin lugar a dudas, tomaría Machuca el modelo para cubrir el interior. Sin embargo, el patio nunca se cubrió; es más, la cubierta de la galería superior tampoco se terminó en su época, habiendo sido concluida tan sólo hace algunos años.

En el friso que rodea el patio hay pequeñas cabezas de toro. Este motivo decorativo proviene de la antigua Grecia y Roma, donde se decoraban los frisos, metopas y sarcófagos con escenas de sacrificios de toros. Estas cabezas se llaman "bucráneos". Debemos hacer referencia a la magnífica acústica del patio, motivo por el cual, aquí se celebran desde tiempos modernos los conciertos sinfónicos del "Festival Internacional de Música y Danza de Granada". Conviene igualmente señalar que este palacio alberga en su interior dos importantes museos: el **Museo de la Alhambra** y el **Museo de Bellas Artes.**

El Generalife

Palacio y finca de recreo, independiente de la Alhambra, era utilizado por los Reyes Nazaritas como lugar de retiro y descanso.

Izquierda:
Detalle de las rosas, tan presentes en este lugar.

Derecha:
Patio de la acequia, desde la planta superior del pabellón sur.

Inferior:
El Palacio del Generalife y su entorno.

El Generalife era una finca o jardín de recreo cuya construcción ha sido atribuida a la época de Ismail I (1314-1325). Está localizado en *el Cerro del Sol* y su área era entonces mucho mayor. Se extendía hacia las montañas vecinas, casi hasta lo que hoy es "el Llano de la Perdiz" y estaba resguardado por el fuerte más alto de la Granada musulmana, *el "Castillo de Santa Elena"* o *"Silla del Moro"*. Fue ideado para cumplir varias funciones: recreo, agricultura y horticultura, ganadería y coto de caza . Estaba perfectamente cerrado e independiente de la Alhambra, con su cuerpo de guardia; y al ser pensado sobre todo como retiro y solaz de los Reyes de Granada, éstos procuraron dotarlo de toda clase de delicias. En el siglo XIX fue acrecentado con jardines no menos bellos que los antiguos. Es una de las zonas que más transformaciones ha sufrido respecto a lo que fue originariamente en la época del reinado de los Reyes Nazaritas. Su nombre procede de las palabras árabes "Yannat-al-arif" que significan *"jardín del arquitecto"*; nombre que se le dio en memoria del gran visir Abd Allah III, que fue maestro carpintero y que

El Generalife

1.- *Paseo de los Cipreses*
2.- *Anfiteatro*
3.- *Jardines Nuevos*
(Antiguamente en estos jardines estaba la Huerta Grande y la Huerta Fuentepeña)

4.- *Huerta Colorá*
5.- *Patio del Descabalgamiento*
6.- *Patio de Polo*
7.- *Casa de los Amigos*
8.- *Patio de la Acequia*

- 9.- *Pabellón Sur del Palacio*
- 10.- *Pabellón Norte del Palacio*
- 11.- *Patio de la Sultana*
- 12.- *Jardines Altos*
- 13.- *Mirador romántico*

- 14.- *Jardines y Bosque*

  (Antiguamente en estos jardines estaba la Huerta de la Mercería)
- 15.- *Albercón de las Damas*

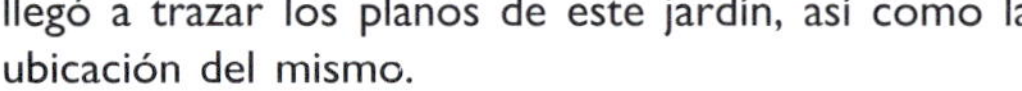

llegó a trazar los planos de este jardín, así como la ubicación del mismo.

Fue propiedad particular, por cesión de los Reyes Católicos al comendador Gil Vázquez Rengifo, nombrado alcaide del Generalife, con independencia de la Alhambra. El último propietario particular fue el Marqués de Campotéjar, y en el año 1925 pasó a ser propiedad estatal, integrándose en el Patronato de la Alhambra y el Generalife.

Al Generalife se puede acceder desde varias zonas del monumento: por la entrada principal, que está junto a las taquillas; desde el control que hay junto al Parador de San Francisco, a través del camino del secano; o bien, recorriendo el camino que transcurre entre el Partal y las Torres, al final del mismo. Nosotros describiremos nuestro recorrido desde la entrada principal junto a taquillas. Atravesando esta puer-

ta encontramos un camino bordeado por elevados cipreses, plantados en el reinado de Isabel II. Este camino se desdobla en dos; a la derecha continúa el camino de cipreses; el central, que es el que seguiremos, nos conduce a los *Jardines Nuevos.*

LOS JARDINES NUEVOS

Estos jardines datan del año 1931. Se replantaron en la Segunda República y son de estilo italianizante. En ellos, cipreses recortados forman paredes y laberintos, con pérgolas y rosales. Hay también un anfiteatro construido en el año 1952 y que se usa para conciertos y representaciones del Festival Internacional de Música y Danza de Granada. La parte central de estos jardines está ocupada por una alberca en la que se intercalan fuentes y cipreses, sobre cuyas aguas flotan los nenúfares. Al frente y a la izquierda, hermosas vistas de la Alhambra y la ciudad coronan todo el recorrido.

LAS HUERTAS DEL GENERALIFE

Todo el Generalife se hallaba inmerso entre huertas, de las que se abastecía toda la

Alhambra. Algunas han desaparecido y en su lugar se plantaron los jardines más recientes que ahora ocupan el recinto. Otras, siguen existiendo en la actualidad y se siguen cultivando: **Huerta de la Mercería,** en la parte superior, de la que hoy se conservan solamente jardines y el "Albercón de las Damas", que surte a los jardines y mana hacia la Alhambra tras recoger agua de la "Acequia del Tercio". **Huerta Colorá,** que se encuentra abajo a la izquierda, frente a la *Torre de los Picos,* aún labrada. **Huerta Grande,** que está a continuación de la *Colorá,* se extendía por lo que hoy son los *Jardines Nuevos.* **Huerta de Fuentepeña**, que ocupaba también parte de lo que son los *Jardines Nuevos y el Anfiteatro.* Tenía una puerta de acceso para los rebaños del Rey denominada *"Postigo de los Carneros".* Esta huerta recibía su nombre porque en ella había una fuente de agua que brotaba de una peña, con un pilar que servía de abrevadero para el ganado. Las dos huertas inferiores *(Grande y Fuentepeña)* se hallan separadas de la superior *(Mercería)* por el paseo de *los Cipreses y el de las Adelfas.* Sería muy conveniente para comprender la ubicación de estas huertas, visualizar el esquemático y bello dibujo del Generalife que ilustra estas páginas.

Izquierda:
Alberca central de los Jardines Nuevos.

Centro:
Rincón de los Jardines Nuevos.

Derecha:
Huerta Colorá, la única que queda en la actualidad de las antiguas Huertas del Generalife.

Inferior:
Detalle de una de las fuentes que adornan los Jardines Nuevos.

EL PALACIO DEL GENERALIFE

Este palacio es el eje central de todo este recinto. Muy desfigurado y transformado con el paso de los años, en época musulmana fue una auténtica residencia real, con todas las comodidades y elementos necesarios para la estancia de los monarcas nazaritas. Nos encontramos con un auténtico jardín musulmán, como nos indica Ibn Luyun en su "Tratado de Agricultura", en el cual nos dice: "Se debe elegir un altozano que facilite la guarda y vigilancia. Se orienta el edificio al mediodía, a la entrada de la finca, y se instala en lo más

alto el pozo y la alberca, o mejor que pozo, se abre una acequia que corra entre la umbría. La vivienda debe tener dos puertas para que quede más protegida y sea mayor el descanso del que la habita" (notable diferencia con la frase cristiana: "casa con dos puertas mala es de guardar").

Dejemos que siga hablando Ibn Luyun: "Junto a la alberca se plantan macizos que se mantengan siempre verdes y alegren la vista (...) Se rodea la heredad con viñas, y en los paseos que la atraviesan se plantan rosales. A cierta distancia de las viñas, lo que queda de finca se destinaría a tierras de labor (....) En los límites se plantan higueras y otros árboles análogos. Todos los árboles frutales deben plantarse en la parte norte, con el fin de que protejan del viento al resto de la heredad. En el centro de la finca debe haber un pabellón rodeado de asientos y que dé vistas a todos los lados, pero de tal suerte que el que entre en el pabellón no pueda oír lo que hablan los que están dentro de él, procurando que el que se dirija al mismo, no pase inadvertido (....) Para proteger la finca se cerraría con una tapia".

"El establo para animales y los aperos de labranza se deben situar cerca de la entrada (...) los establos de ganado lanar y vacuno en la parte más baja del edificio, muy cerca y de forma que puedan ser fácilmente vigilados (....) Los trabajadores deben ser jóvenes y procurar que atiendan los consejos de los viejos".

El hecho de haber citado a Ibn Luyun es porque nadie mejor que él nos da una auténtica visión del jardín hispano-musulmán en su "Tratado de Agricultura", hecho en Almería en el año 749 de la era musulmana. Traducción de Joaquina Eguaras Ibáñez (Patronato de la Alhambra, 1957).

Es interesante conocer que en época nazarita, para ir al Generalife, había que salir de la mura-

de y negro sobre fondo blanco, parecida en su forma a las de la *Fachada del Cuarto de Comares,* nos da entrada al palacio. Esta puerta presenta entre la cerámica verde de su marco el símbolo de la llave que aparece en otras puertas de la Alhambra. Ya dentro del Palacio describiremos: *el Patio de la Acequia, el Pabellón Sur, el Pabellón Norte y el Patio de la Sultana.*

– **El Patio de la Acequia.** Ocupa el centro del palacio y se encuentra recorrido longitudinalmente por una acequia, en torno a la cual se organiza todo el espacio. En la *parte oeste* hay una galería de dieciocho arcos con un mirador en el centro. En las jambas de sus arcos se encuentran pintados los símbolos de los Reyes Católicos, el yugo y las flechas, y las palabras "tanto monta" (que significan tanto monta Isabel como Fernando). Desde esta galería podemos ver la *Huerta Colorá, la Torre de la Cautiva, la del las Infantas,* y todo el conjunto monumental de la Alhambra con la ciudad al fondo. La construcción del

lla de la Alhambra; posiblemente por la *Puerta del Arrabal,* situada al pie de la *Torre de los Picos.* Se bajaba el barranco por la "Cuesta de los Chinos" y se volvía a subir por un camino amurallado que discurría entre las huertas *Colorá y Grande.* La nobleza nazarita accedía tradicionalmente a través de dos patios contiguos, antesala del palacio; el primero es el del **Descabalgamiento** o del **Apeadero,** pues se supone que los emires venían de la Alhambra a caballo y aquí descabalgaban, por eso tiene apoyos para ello y un pilar abrevadero. El patio siguiente es un bello espacio adornado con naranjos y una pequeña fuente en el centro. En éste, una puerta rectangular con dintel alicatado ver-

Página anterior:
Patio de la Acequia y Pabellón norte. (Fotografía anterior a la reforma del jardín del patio, realizada en el año 2003).

Superior:
Entrada al Palacio del Generalife.

Derecha:
Patio antesala al Palacio.

ala este es nueva, pues un incendio en 1958 destruyó este ala casi en su totalidad. Se piensa que los baños, que sin duda había en este palacio, debieron estar en este ala. Estos baños no existen hoy porque, como ya se refirió en el capítulo de los Baños, fueron destruidos junto con otros más de la Alhambra.

– El pabellón sur. Fue posiblemente la zona del palacio destinada al harén, habiendo sufrido grandes modificaciones. En su pórtico fueron sustituidos los originales arcos de yeso, por otros de ladrillo. Las vistas que podemos contemplar desde su mirador superior son únicas. Colindando con este pabellón, por el exterior y al sur del mismo (abajo), hay restos de una construcción que forma parte del conjunto palaciego: **la Casa de los Amigos,** cuyo nombre y utilidad se desprende de los consejos que Ibn Luyun da en su "Tratado de Agricultura": "En la parte baja del jardín se construirá un aposento para huéspedes y amigos, con puerta independiente, y una alberquilla oculta por árboles a las miradas de los de arriba".

– El pabellón norte. Estaba destinado a los aposentos del Rey, y es sin duda el más interesante de todo el palacio. Presenta una disposición más tradicional, con un pórtico de cinco arcos, en el que el del centro es mucho más ancho que los laterales, dando entrada a una portada de triple arco que precede a la *Sala Regia*. En el recuadro de los tres arcos hay una inscripción que nos proporciona datos sobre la fecha de construcción (año 1319, siendo emir Ismail I). Este pabellón se comunica con el *Patio de la Sultana*.

– El Patio de la Sultana. Se llama así porque, según la leyenda, en el viejo ciprés de este patio, hoy petrificado, vio el sultán besarse a su favorita con un caballero Abencerraje. El centro del patio lo ocupa una fuente cristiana levantada sobre una alberquilla. Las plantas son adelfas, yedras y cipreses. Rodeando el patio vemos una gruta donde cae el agua. Es importante señalar que los surtidores de agua, tanto de este patio como del Patio de la Acequia, no son de época musulmana.

Izquierda:
Patio de la Acequia y Pabellón Sur.
(Fotografía anterior a la reforma del jardín del patio, realizada en el año 2003).

LOS JARDINES ALTOS

Se accede a ellos tras pasar una puerta con leones y el escudo de los Mendoza que hay en el *Patio de la Sultana,* subiendo unas escaleras. Se encuentran en un plano superior al del *Palacio del Generalife.* Fueron en otros tiempos un olivar y en ellos encontramos magnolios, abetos, cipreses, un enorme cedro y plantas aromáticas como arrayanes, jazmines y rosales. Lo más sobresaliente de estos jardines quizá sea la bellísima **Escalera del Agua,** con su bóveda de laureles. En ella, el agua baja como un torrente por los pasamanos, que son huecos y estaban antiguamente decorados con azulejos; el agua fluye tomando la función de baranda. Los tres cuerpos que presenta la escalera están recortados con remansos circulares con fuentecitas en el suelo. La escalera conduce a una edificación moderna carente de interés llamada **Mirador Romántico,** construido en 1836. Desde estos jardines iniciamos la salida, a través del **Paseo de las Adelfas,** con bóveda floreada. Este paseo se comunica con el de **los Cipreses,** plantados en época de Isabel II, y que al entrar abandonábamos a nuestra derecha.

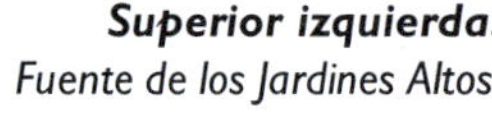

Superior izquierda:
Fuente de los Jardines Altos.

Superior Derecha:
Patio de la Sultana.

Inferior:
Escalera del Agua.

Página siguiente:
Alberca central del Patio de la Acequia. (Fotografía anterior a la reforma del año 2003).

El Albaicín

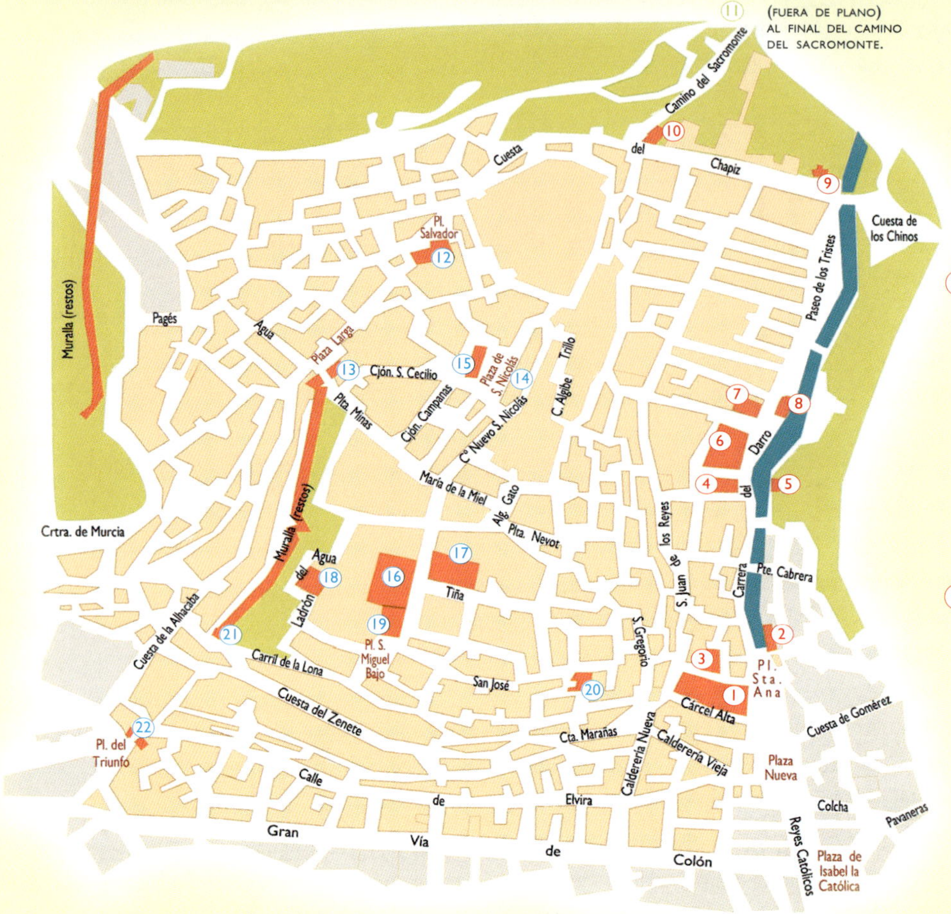

11 (Fuera de plano) al final del Camino del Sacromonte.

Camino del Sacromonte
Cuesta del Chapiz
Cuesta de los Chinos
Paseo de los Tristes
Pl. Salvador
Muralla (restos)
Pagés
Agua
Plaza Larga
Cjón. S. Cecilio
Plaza de S. Nicolás
Plta. Minas
Cjón. Campanas
Cº Nuevo S. Nicolás
C. Algibe
Trillo
María de la Miel
Alg. Gato
Plta. Nevot
Carrera del Darro
Crtra. de Murcia
Muralla (restos)
Agua del Ladrón
Tiña
Pte. Cabrera
S. Juan de los Reyes
Cuesta de la Alhacaba
Carril de la Lona
Pl. S. Miguel Bajo
S. Gregorio
San José
Pl. Sta. Ana
Cárcel Alta
Cuesta del Zenete
Cuesta de Gomérez
Pl. del Triunfo
Cta. Marañas
Calderería Nueva
Calderería Vieja
Plaza Nueva
Calle de Elvira
Colcha
Pavaneras
Gran Vía de Colón
Reyes Católicos
Plaza de Isabel la Católica

2 Iglesia de Santa Ana
Pág. 109

4 Bañuelo o Baño del Nogal
Pág. 111

7 Casa de Castril (Museo Arqueológico)
Pág. 111

Plano del Albaicín

ALBAICÍN BAJO

SACROMONTE

ALBAICÍN ALTO

12 Iglesia del Salvador. (Patio)
Pág. 115

16 Iglesia del Convento de Santa Isabel la Real (Convento)
Pág. 116

18 Palacio de la Dar al Horra
Pág. 117

INFORMACIÓN DE INTERÉS:

- Por no permanecer abiertos al público habitualmente, muchos de los monumentos del Albaicín, los que aparecen acompañados de , solamente pueden recorrerse, bien concertando previamente la visita con la institución que lo regenta, bien mediante visitas guiadas para grupos.
- El resto de los monumentos permanecen abiertos al público con regularidad o, al menos, es posible visitarlos en horas de culto.

Vista del Albaicín con Sierra Nevada al fondo.

Introducción

Universalmente conocido, está lleno de rincones que evocan el pasado musulmán de esta ciudad.

El origen del Albaicín[1] y su nacimiento como núcleo urbano se sitúa en los comienzos del siglo X, cuando los habitantes de la Ciudad de Elvira, ante la desintegración del Califato y la descomposición del territorio de Al-Ándalus en minúsculos reinos, que muy frecuentemente luchaban unos contra otros, piden protección y amparo a Zawi ben Zirí, a la postre, primer Rey de los cuatro que tuvo la dinastía Zirí granadina.

Medina Elvira (el núcleo de población más importante de la zona), era un lugar abierto y difícil de defender en caso de ataque, por lo que cuando el rey Zawi se hace señor y protector del pueblo, lo primero que decide es buscar un lugar con un enclave geográfico más seguro. Este lugar sería la colina del Albaicín, donde ya había restos de una antigua fortaleza que los anteriores pobladores visigodos habrían construido. Además era un lugar privilegiado por su belleza geográfica: arroyos con agua, rica vegetación y la Sierra como telonera. Así las cosas, los habitantes de Elvira abandonan su insegura ciudad a las faldas de Sierra Elvira y se vienen a vivir aquí. Es el nacimiento del Albaicín como núcleo urbano de importancia, origen de lo que hoy es Granada.

El rey Zawi fortificó la antigua alcazaba y construyó una gran muralla. A su abrigo los recién llegados levantaron una preciosa ciudad, a la que poco a poco se irían sumando nuevos habitantes venidos de otras tierras en busca de la prosperidad y seguridad que este nuevo lugar les brindaba. Se construyeron aljibes, mezquitas, grandes casas y palacios. El más importante, el palacio del rey Badis, tercer rey Zirí, que hoy desgraciadamente no existe.

Tras los ziríes ocupan el poder los almorávides y los almohades, que protagonizarían una época de claros y sombras. El año 1238 al-Ahmar se hace rey de Granada, instaurando la monarquía nazarita. Al principio instala su corte en el Albaicín y vive en el palacio del rey Badis. Sin embargo pronto decidió trasladarse a vivir fuera de aquí, a la colina de enfrente, la de la Sabika, por parecerle un lugar más seguro al que llevar a su familia y a su corte. Alejado de las intrigas y traiciones que, en estas calles del Albaicín, tuvieron que soportar los anteriores

[1] Albaicín puede venir de la palabra árabe "Al baezan", que significa barrio de los habitantes de la ciudad de Baeza (Jaén), que se refugiaron en este barrio al caer en poder de los cristianos, en el siglo XIII. Otro significado, menos generalizado, proviene de la palabra "Al bayyazín", que significa barrio de los halconeros, pues en una época tuvo cierto número de vecinos que se dedicaban a la cetrería.

Uno de tantos rincones del Albaicín desde los que se puede contemplar la Alhambra.

Reyes de Granada. A partir de ahora, el Rey y la nobleza vivirán en la "ciudad palatina de la Alhambra" y el pueblo en el Albaicín y sus faldas, hasta los límites de Granada, que terminaba un poco más allá de la Plaza Bibarrambla.

En este periodo nazarí el Albaicín seguiría creciendo y prosperando, y más personas vendrán a vivir aquí. Tal llegó a ser la aglomeración, que hacia 1494 el viajero alemán Múnzer calculó en unos 30.000 habitantes su población. Sus callejas eran estrechas y angostas, bajo aleros que se unían unos con otros, a través de los cuales casi no pasaban los rayos de sol. Pobladas por casas pequeñas que, sucias por fuera, eran limpias en su interior, con cisternas de agua y dos cañerías, una para el agua potable y otra para las letrinas. Casas sencillas y austeras en su exterior con hermosos patios con flores, árboles frutales y estanques en su interior, que serían el origen del futuro "carmen"[2] granadino. Sus habitantes eran cultos, en su mayoría se dedicaban a oficios artesanos y al pequeño comercio: albañiles, tejedores, sastres, esparteros, zapateros.... Gran número de sus vecinos se dedicaban a la agricultura como segunda actividad al margen de su oficio, pues era habitual que cada familia dispusiera de un huerto o haza de tierra para cultivar.

Carrera del Darro, en el Albaicín Bajo.

Con la Conquista de Granada por los Reyes Católicos, las mezquitas del Albaicín fueron convertidas en iglesias y algunos cristianos se instalaron aquí; aunque los moriscos seguirán dando al barrio la misma vida y e idiosincrasia de antaño. Incluso se incrementa el número de los que vienen a vivir a él, huyendo de la presión a que estaban siendo sometidos en otros lugares del reino. Sin embargo, la persecución y expulsión final de los moriscos en el reinado de Felipe III, años 1609-1616, redujo su población casi a la décima parte. Éstos tuvieron que abandonar sus casas y el Albaicín quedó vacío y desolado. Muchas casas fueron derribadas, a veces para ensanchar algunas calles, otras para hacer solares más grandes, adquiridos a muy bajo precio por numerosas órdenes religiosas y nobles cristianos, que edificaron en ellos conventos y casas espléndidas. Fue tal el problema de la despoblación del barrio, que la propia Corona tomó medidas para que vinieran nuevos moradores de otros lugares para repoblarlo. Pero los nuevos habitantes no tenían la misma formación que los moriscos, ni eran artesanos. Eran gentes de humilde condición que en lugar de ayudar a recuperar el barrio lo empobrecieron.

Típica calle del Albaicín, en cuesta, empedrada y estrecha.

El siglo XIX, con la ocupación francesa, pero sobre todo con la Desamortización de Mendizábal , que conllevó la confiscación de los bienes y obras de arte, que las órdenes religiosas tenían en sus conventos del Albaicín, supuso un nuevo retroceso. Pero lo más devastador para las numerosas riquezas artísticas que todavía albergaba este barrio, fue la quema de la mayor parte de sus iglesias y algunos conventos durante la Segunda República y principio de la Guerra Civil Española (años 1931-1936): Las iglesias de San Luis, el Salvador, San Nicolás, San Cristóbal y alguna más fueron quemadas y devastadas, en parte, o casi por completo.

A pesar de la mezquindad con que la historia lo ha tratado, el Albaicín sigue siendo un espacio mágico. Sus olores, sus sonidos, su luz y la vista desde cualquier rincón de la vecina Alhambra, con Sierra Nevada al fondo, hacen de él un lugar único y distinto. (Bibliografía: Gabriel Pozo Felguera. "Albayzín-solar de reyes")

[2] Carmen viene de la palabra árabe "karm", que significa viña. Es decir que en su origen era una huerta con viñedos. El carmen granadino, es pues, un remedo de huerta en pequeño, que se usa como vivienda particular, lleno de plantas y flores aromáticas, aunque en principio lo que predominaban eran las viñas.

Real Chancillería

Iglesia de Santa Ana

El Albaicín Bajo

Bañado por el río Darro, es uno de esos lugares que hacen de Granada una ciudad mágica.

Esta división entre alto y bajo que se hace del barrio, tiene como razón de ser la cercanía y su accesibilidad. Pues esta parte baja, por encontrarse sólo a cinco minutos a pie de la zona de la Catedral (el centro de la ciudad), es un corto y bello paseo que no puede dejar de recorrerse cuando se viene a Granada. Las calles principales por las que discurre este Albaicín Bajo serían: Por su costado oeste; la Calle Elvira hasta su desembocadura en Plaza Nueva, incluyendo aquí la calle Calderería, con sus teterías y puestos de artesanía moruna. Este acentuado carácter musulmán de esta calle es de los últimos años, que no de toda la vida. Por su costado sur; la Plaza Nueva, la de Santa Ana, la Carrera del Darro y el Paseo de los Tristes. Paralela a éstas y como límite de esta parte baja, la calle San Juan de los Reyes. En el plano que acompaña a este capítulo están localizadas todas las calles y plazas que delimitan el recorrido de esta parte baja del barrio.

Tomamos pues como inicio de nuestro trayecto las céntricas y típicas plazas granadinas de **Plaza Nueva** y **Santa Ana**, unidas prácticamente la una a la otra. En la primera se encuentra **la Real Chancillería**. Este noble edificio fue mandado construir por Felipe II como nueva sede de la Chancillería o Tribunal Superior de Justicia, que los Reyes Católicos habían mandado establecer en Granada, de la que dependían los Tribunales de Justicia, no sólo de Granada, sino de Andalucía, Extremadura, Murcia, la Mancha y Canarias. La fachada exterior, de estilo renacentista, de la segunda mitad del siglo XVI, es obra de Juan de la Vega y Martín Navarrete. Está dividida en dos grandes cuerpos. El inferior está presidido por tres bellas puertas. Sobre la más grande, la del centro, una cartela alude a cómo Felipe II hermoseó este palacio para que no fuera indigno asiento de su justicia. Lo más llamativo del segundo cuerpo es el gran ventanal central, coro-

En toda la página:
- Carrera del Darro cubierta de nieve.
- Rincón de la Carrera del Darro.
- Restos del antiguo Puente del Cadí.

nado por un escudo de España con las estatuas de dos de las virtudes cardinales a cada lado, Justicia y Fortaleza. Ya en el interior, el espacio se organiza en torno a un bellísimo patio, cuya traza bien pudiera ser de Diego de Siloé, alrededor del cual corre una doble galería a dos alturas. Como último detalle de esta rápida descripción del edificio hay que mencionar la escalera, costeada con el importe de una multa que pusieron los magistrados al marqués del Salar por no "descubrirse" ante ellos (quitarse el sombrero en señal de respeto). Recuerda a la del Palacio de Carlos V, y es un prodigio de la arquitectura.

En la contigua **Plaza de Santa Ana**, en un lateral, se encuentra **el Pilar del Toro**, cuya mayor valía es haber sido la última obra realizada en vida por el genial Diego de Siloé. Preside la plaza **la Iglesia de Santa Ana** (antigua "Jima"[1] Almanzora), cuya torre era un alminar o minarete, encima del cual se colocó un campanario. Su primorosa portada, trazada por Sebastián Alcántara, en estilo renacentista, está coronada con las imágenes de Santa Ana y María Jacobi y María Salomé, a cada lado, con un medallón de la Virgen con el Niño como remate. Los escudos de las enjutas del arco pertenecen al Arzobispo Niño de Guevara. El interior es de una sola nave con techo de lacería en madera. Lo más interesante del interior es su hermosa colección de obras de arte, las más destacables: una Dolorosa, un Cristo del Sepulcro y un San Bartolomé, obra de José de Mora; un retablo consagrado a la Virgen de la Rosa, de origen flamenco; y una Virgen de la Esperanza, obra de Risueño.

A la entrada de la **Carrera del Darro**, en la calle de las Pisas, está **la Casa de las Pisas**. En ella murió San Juan de Dios, actualmente hay un interesante museo con piezas traídas por los hermanos de esta Orden de todos los lugares del mundo: marfiles, pinturas, taraceas, pequeñas esculturas... Ya en la **Carrera de Darro**, una de las calles más pintorescas de Granada, recreada en sus dibujos y pinturas por viajeros románticos y pintores de todos los tiempos, recorreremos uno de los paseos más bellos que es posible encontrar en esta ciudad, a la vera del río Darro y con la Alhambra arriba como compañera. La calle tal y como está

[1] Cada barrio tenía una pequeña mezquita llamada "Jima". Las jimas eran más pequeñas en tamaño e importancia que las mezquitas mayores, como las que había en la Iglesia del Sagrario, la del Salvador o en Santa María de la Alhambra. En 1501 el Cardenal Cisneros dio la orden de que todas las gidas y mezquitas mayores de Granada fueran transformadas en iglesias parroquiales.

concebida actualmente es posterior a la Reconquista. En tiempos árabes había una muralla paralela al río. Los cristianos construyeron en ella, sobre todo en los siglos XVI y XVII, conventos y casa señoriales. Después del segundo de los puentes que cruzan el río se encuentra **el Bañuelo,** o **Baño del Nogal.** En el barrio había muchos más baños públicos, pero como ocurrió en la Alhambra, fueron destruidos por los cristianos. Éstos por suerte, aunque deteriorados y muy restaurados, siguen existiendo. Son de la época Zirí, siglo XI. El acceso se realiza por una casa cristiana de vecinos que se superpuso a ellos. Su estructura es muy parecida a los de la Alhambra, pero con las lógicas diferencias de que aquéllos pertenecieron a un palacio, destinados al uso privado de la familia real, y éstos eran públicos. Así, no tendrían una sala de reposo como los de la Alhambra, sino una pequeña dependencia o vestíbulo utilizada como vestuario. La sala más grande es el *tepidarium* o sala templada. Por la parte central corría el agua caliente y a los lados estarían las camas para los masajes. Los capiteles de las columnas son muy interesantes; los hay de la época califal, siglo X, que se mezclan con otros del siglo XI y algunos de estilo bizantino. A continuación está el *caldarium* o sala caliente y al final las dependencias del horno.

Frente a estos baños se encuentran los restos del **Puente de Cadí**, que en época nazarita debió tener gran importancia y tránsito, pues unía el Albaicín con la Alhambra. Más arriba de la calle se encuentra el **Convento de Santa Catalina de Zafra,** que debe su nombre a Don Hernando de Zafra, secretario de los Reyes Católicos, que lo costeó y cedió unas casas de su propiedad sobre las que se fundó este convento en 1520. Éste es uno de los muchos conventos que hay en el Albaicín, pero que desgraciadamente, en la mayoría de los casos no es posible visitar. Acaso alguna de sus iglesias, y en horas de culto. Afortunadamente éste no es el caso del siguiente edificio, **la Casa de Castril,** propiedad de la familia de Hernando de Zafra. Su excepcional portada, en estilo plateresco (1539), es el mejor indicativo de la nobleza e importancia de la familia a quien perteneció este palacio. Lo más curioso de los elementos que aparecen

En toda la página:
- Exterior de la Casa de Castril, sede del Museo Arqueológico.
- Patio interior del museo.
- Bañuelo o Baño del Nogal, sala templada.

en ella es una pequeña "Torre de Comares", blasón que los Reyes Católicos concedieron a la familia de Zafra como pago a sus servicios. Otro detalle a destacar de su fachada es la ventana tapiada de una de las esquinas, en la que puede leerse grabada en la piedra una frase: "esperándola del cielo", sobre la que existe una conocida leyenda granadina [2]. El interior del edifico alberga uno de los museos más importantes de la ciudad, **el Museo Arqueológico Provincial**, que por la valía y riqueza de sus piezas recomendamos visitar. Justo enfrente se encuentra **la Iglesia de San Pedro y San Pablo**, trazada por Juan de Maeda y terminada de construir en 1567. Parece ser que aquí estuvo anteriormente la "Mezquita de los Baños", sustituida por otra iglesia que fue derribada en 1559 para construir ésta. Un poco más adelante está **el Convento de San Bernardo**, de comienzos del siglo XIX.

Termina este breve recorrido de la parte baja del Albaicín en **el Paseo de los Tristes**, lugar con encanto donde los haya, con la vista de la Alhambra siempre como referente. Debe su nombre actual (antes se llamaba "Paseo de la Puerta de Guadix") al hecho de que por aquí pasaban todos los entierros camino del cementerio, y en este lugar la comitiva fúnebre despedía al difunto, que continuaba su camino al cementerio con los más allegados por la Cuesta de los Chinos. Antiguamente era un sitio muy concurrido, en el que se celebraban fiestas de toros y cañas. Desde aquí, por la **Cuesta del Chapiz**, iniciaremos la subida al Sacromonte y al Albaicín Alto. En esta cuesta se encuentra **El Palacio de los Córdova**, que aunque parezca difícil de creer, es una reconstrucción con los elementos arquitectónicos conservados del antiguo palacio, que estaba en otro lugar, tras la Plaza Isabel la Católica. Un poco más arriba, haciendo esquina con el Camino del Sacromonte, están **las Casas del Chapiz**, edificios moriscos de comienzos del siglo XVI, actual sede Escuela de Estudios Árabes.

Superior:
Iglesia de San Pedro.

Inferior izquierda:
Palacio de los Córdova.

Inferior derecha:
Alberca de las Casas del Chapiz.

[2] Cuenta esta leyenda que el señor de la casa entró un día en el dormitorio de su hija, encontrándola medio desnuda. Descubrió allí escondido a su paje más leal, quien como excusa argumentó estar allí por haber acudido en socorro de la hija, sorprendiendo con tal motivo a un amante de ésta, que al verle saltó por la ventana. El señor de Zafra no le creyó. "¡Si eso es así, tú eres cómplice!", le recriminó. Ante la gravedad de su situación el paje imploró piedad y justicia. El señor le respondió: "¡ESPÉRALA DEL CIELO! Mañana serás colgado desde ese balcón". El criado fue ahorcado y el balcón tapiado para siempre.

El Sacromonte con la Alhambra y la ciudad al fondo.

El Sacromonte

Los gitanos lo habitaron en el siglo XVIII, excavando aquí sus cuevas. Desde entonces es un lugar singular y de leyenda.

A mitad de la cuesta del Chapiz se encuentra **Camino del Sacromonte**, conocido por ser el antiguo barrio de los gitanos. Las "tribus egipcias", como se conocía a los gitanos en época de los Reyes Católicos se asentaron en Granada tras la Conquista, primero en otros barrios de las afueras y con posterioridad, en el siglo XVIII, en las laderas de este monte de Valparaíso. Su forma de vida, su lengua ("el caló"), sus fiestas y bailes, y el hecho de que excavaran sus casas en cuevas, hizo escribir sobre ellos a los viajeros románticos, y desde entonces muchos visitantes vinieron a este lugar, acrecentando aún más su embrujo y su leyenda. Lo que hoy queda de aquella época son sólo algunas casas cueva, en la que se organizan zambras con un marcado carácter turístico. A mitad del camino se encuentran las escuelas del Ave María, fundadas en 1889 por don Andrés Manjón para que pudieran estudiar los gitanillos y niños pobres.

Al final del camino, en lo alto de este monte de Valparaíso, se encuentra **la Abadía y el Colegio del Sacromonte**. Institución fundada aquí en el siglo XVII por don Pedro de Castro Cabeza de Vaca y Quiñones, arzobispo de Granada, para conmemorar que en 1594, en unas cuevas de este lugar ("las Santas Cuevas"), fueron encontradas unas láminas de plomo, "libros plúmbeos", que indicaban que aquí, en el año 65 de nuestra era, habían sufrido martirio los Santos Cecilio (primer arzobispo y patrón de Granada), Hiscio y Tesifón. Desde entonces el lugar fue conocido como "Sacromonte", que quiere decir "monte-santo". Parte del colegio ardió en un incendio, la Abadía sí que es posible visitarla. Tiene una importante biblioteca con más de 25.000 volúmenes.

El **patio** es lo primero que se visita, amplio, con fuente central y veinticinco arcos con el escudo del fundador y la estrella de Salomón, símbolo de la Institución. A continuación está el **museo**, con algunas piezas muy valiosas, como "la Virgen de la Rosa", tabla flamenca de Gerard David, y tres excelentes Inmaculadas, obras de

Superior izquierda:
Exterior de la Abadía del Sacromonte.

Superior derecha:
Patio del interior de la Abadía.

Inferior:
Retablo Mayor de la Iglesia.

Raxis, Sánchez Cotán y Niño de Guevara. Hay también una interesante colección de incunables, códices y veinte manuscritos árabes de incalculable valor; así como ternos, paños de púlpito, frontales de altar y casullas.

La **Iglesia**, de comienzos del siglo XVII, con ampliaciones hechas en los dos siguientes, tiene buenos retablos y sillería barrocos. El Retablo Mayor es de 1743, atribuido a Duque Cornejo. Lo más llamativo en él son las estatuas de "San Cecilio" y "San Tesifón", bajo las cuales se encuentran guardadas sus cenizas; y en la parte superior, un gran relieve de "la Asunción". Justo al lado derecho del retablo mayor hay un pequeño habitáculo donde se encuentra el sepulcro del arzobispo de Castro, enterrado aquí con sus padres. En el altar que hay a la izquierda del crucero hay que señalar una "Purísima", obra de Risueño. Del resto de la iglesia merecen mención también: Entre los cuadros, "Santiago Apóstol" y "Martirio de San Andrés". Como esculturas, "La Virgen de las Cuevas", pequeña figura del siglo XVIII, "San Francisco recibiendo los estigmas", "San Antonio con el Niño" y en particular, "el Cristo del Consuelo" o de "los Gitanos", excelente Crucificado de José Risueño, cuya réplica sale el Miércoles Santo en procesión. En la **Sacristía**, decorada con pequeños cuadros de la escuela italiana, hay una bellísima mesa de cálices hecha de mármoles incrustados, con dibujos de flechas, cañones y motivos indígenas. Esta mesa, hecha en Perú en el siglo XVI, fue un regalo del padre del arzobispo de Castro, que era Virrey de aquel país.

Lo último por visitar son las **Santas Cuevas**, que se encuentran fuera de la Iglesia. Fueron descubiertas accidentalmente en el siglo XVI. Allí aparecieron los "libros plúmbeos" y los hornos donde al parecer quemaron a los mártires ya citados. También está allí la cruz de madera que utilizaba San Juan de Dios cuando pedía limosna. Hay varias capillas: Una dedicada a la Virgen de las Cuevas; otra con una enorme piedra, en la que según la tradición, las mujeres que la besan se casan ese año; y la última, abovedada y con arcos de diferentes entradas, en la que hay cuatro bellas estatuillas de Santa Lucía, Santa Teresa, San Bruno y San Francisco, de la escuela de Risueño.

Patio de la antigua Mezquita Mayor del Albaicín, actual Iglesia del Salvador.

El Albaicín Alto

Auténtico mirador, donde cada calle o rincón ofrece una perspectiva diferente desde la que contemplar la Alhambra.

Al final de la Cuesta del Chapiz nos encontramos ya en la parte alta del barrio, donde se encuentran las plazas y calles más castizas y más típicamente albaicineras. Sus rasgos y su peculiaridad son tales, que a veces da la sensación de estar en una población diferente, distinta de la de Granada. Hay tres plazas principales que deberemos visitar: **Plaza Larga**, **Plaza de San Nicolás** y **Plaza de San Miguel Bajo**, y en el recorrido que hay entre una y otra nos detendremos en los monumentos más importantes. Debiendo hacer hincapié, que muchos de ellos, o tienen un horario de visitas restringido a las horas de culto, o sólo puede accederse a su interior mediante visitas guiadas.

Lo primero que encontramos en la explanada en que termina la Cuesta del Chapiz es la **Iglesia del Salvador**, principal iglesia del barrio, pues en época musulmana era la "Mezquita Mayor del Albaicín", la segunda más grande de Granada, y la más bella de todas. En 1501 se convirtió en parroquia, aunque con posterioridad fue derribada para construir en su lugar una iglesia, quemada y devastada después en la Guerra Civil. Reconstruida en su totalidad, los elementos ornamentales y altares que hay actualmente fueron traídos hace pocos años de otras iglesias. Lo que sí que conserva casi íntegramente su estado original es el patio. Se trata del típico patio de limoneros y naranjos que solían tener todas las mezquitas, con un gran aljibe en el centro, rodeado por arcos de herradura. Las columnas en las que descansan los arcos fueron sustituidas por machones de piedra.

A poca distancia de este lugar se encuentra **Plaza Larga**, corazón del barrio y punto de encuentro de sus gentes. En las calles que la rodean están algunas de las tascas y bares con más sabor albaicinero. En esta misma plaza, en una esquina, está **la Puerta de las Pesas**, que debe su nombre al hecho de que de ella se colgaban los pesos quitados a los comerciantes que cometían fraude al hacer sus medidas. Es del siglo XI, época zirí, y comunicaba el Albaicín con la "Alcazaba Vieja". Al otro lado de la puerta, tomando la calle de la izquierda, y muy cerca, llegaremos por fin a **la Plaza de San Nicolás**. Un lugar que no puede dejar de visitarse cuando se viene a Granada, pues aquí está, sin duda alguna, la vista más universal y conocida de esta ciudad: Sierra Nevada, el Generalife, la Alhambra con sus torres alineadas y toda la ciudad y la Vega a nuestros pies. En esta plaza está la **Iglesia de San Nicolás**, construida en 1525 en el lugar donde antes había una mezquita. Era de las iglesias más antiguas y bellas de Granada, pero desgraciadamente, un incendio intencionado en las revueltas de los años previos a la Guerra Civil, el 10 de agosto de 1932, la destruyó en su mayor parte. Afortunadamente aquellos años de intolerancia y fanatismo pasaron, y prueba de ello es el moderno edificio de al lado: La actual **Mezquita del Albaicín**, abierta al culto musulmán en el año 2003. Después de cinco siglos, el Corán vuelve a ser leído en este lugar, y muchas de las oraciones que adornan escritas los muros de la Alhambra, vuelven a tomar vida en las voces de las gentes que vienen a rezar aquí.

Superior:
Mirador de San Nicolás, desde donde puede contemplarse la vista más universal y conocida de Granada.

Inferior:
Portada de la Iglesia de Santa Isabel la Real.

El próximo edificio a visitar, también muy cerca, es el **Convento de Santa Isabel la Real,** fundado en 1501 por la Reina Isabel. Primero estuvo ubicado en el Palacio de la

Superior izquierda:
Escalinata y Retablo Mayor de la Iglesia de Santa Isabel la Real.

Superior derecha:
Patio principal del Palacio de Dar al Horra.

Dar al Horra y posteriormente, en el nuevo convento, construido en la misma finca que ocupaba el palacio. Lo primero que se construyó fue la iglesia. La **portada** es de Enrique Egas, en estilo gótico isabelino, en forma de arco florenzado, con los símbolos de los Reyes Católicos en las enjutas del mismo y su escudo en la parte central. A la izquierda está la torre, construida en 1549, sobre la que destacan unos bellos azulejos moriscos en la parte superior. El **interior** de la iglesia, que se puede visitar en horas de culto, es bellísimo. Lo más sorprendente son sus cubiertas; la de la nave es de madera, en estilo mudéjar; la de la capilla mayor, también es de madera, en un llamativo estilo que podríamos calificar como "gótico inglés". El **Retablo Mayor,** en lo alto de una empinada escalinata, es del siglo XVI, con algunas reformas hechas en el XVIII. Está dividido en dos cuerpos y ático. En el inferior, relieves de "la Adoración de los Pastores" y "la Circuncisión", acompañados por esculturas de "San Francisco" y "Santa Clara". En el superior, pinturas de "San Juan Bautista" y "Santa Isabel", y en la parte central un "Crucificado" acompañado por pequeñas esculturas de la Virgen y San Juan Evangelista. En el ático, un frontón con la figura de Dios Padre. Lo mejor del interior del convento es el **claustro,** del último cuarto del siglo XVI, que por pertenecer a la clausura sólo es posible visitar mediante visitas guiadas. Es conocido como "de los Reyes Católicos", con un bello patio con fuente en el centro, y una doble galería a dos alturas rodeándolo, con siete arcos por cada lado.

Justo enfrente del convento de Santa Isabel la Real, en la calle de la Tiña, está el **Hospital de la Tiña** o **Casa del Marqués del Zenete**. Antigua casa-palacio del siglo XV, que debe su nombre al hecho de que en el siglo XVII fue un hospital para curar a los enfermos que padecían esta enfermedad. Lo más destacable de lo que se conserva en la actualidad es su bello patio, recientemente restaurado. Aquí vivió Boabdil entre septiembre de 1486 y abril de 1487, época en que, por luchas internas en la familia real nazarita, Granada tuvo dos reyes: Boabdil en el Albaicín, y su tío, el Zagal, en la Alhambra.

A la espalda del Convento de Santa Isabel la Real, en la calle del Ladrón del Agua, está el **Palacio de Dar al Horra**. Su nombre significa "casa de la reina honesta", y es que en este palacio vivió la madre de Boabdil cuando fue repudiada por su marido, el rey Muley Hacen, que tomó como esposa a la cristiana Isabel de Solís. Formaba parte de la misma finca propiedad de la Familia Real Nazarita en que fue construido el Conven-

Superior:
Detalle del patio principal de Dar al Horra.

Inferior:
Cristo de la Misericordia, de José de Mora, en la Iglesia de San José.

Derecha:
Capilla Mayor de la Iglesia de San José.

to de Santa Isabel la Real. Los Reyes Católicos no lo derribaron, lo respetaron y lo incorporaron al convento; siendo, como ya se ha referido, la primera casa que ocuparon las monjas antes de que el nuevo convento estuviera construido. Como en todo palacio árabe, el espacio se distribuye en torno a un precioso patio con un pequeño estanque en el centro. En los costados norte y sur hay dos galerías con tres arcos cada uno. El costado norte, el mejor conservado, tiene doble altura, con otra galería de arcos en su parte superior, y en la planta de abajo un bello mirador. Éste es el ejemplo más claro de otras muchas casas árabes que hubo en el Albaicín, algunas todavía existen, que ayudan a imaginarnos la grandeza y señorío que en épocas pasadas, moras y moriscas, tuvo este barrio.

La última plaza de las tres que han sido mencionadas como más importantes de esta parte alta del Albaicín, es la de **San Miguel Bajo**, casi unida a Santa Isabel y a Dar-al-Horra. Rodeada de bares y terrazas, es un lugar idóneo para el descanso y la tertulia. La Iglesia de la plaza es **San Miguel**, que como tantas otras fue construida en sustitución de una mezquita. Su interior es pobre y con el paso de los años ha ido quedando desnudo, pasando muchas de sus obras de arte a otras iglesias.

En la calle San José, muy próxima, se encuentra la **Iglesia de San José,** antigua "Jima de Al Morabitín", una de las más antiguas de la Granada musulmana. Transformada en parroquia en 1501, con posterioridad fue derribada y en su lugar se construyó una nueva iglesia cristiana en 1525. Lo único que queda de la antigua jima es el aljibe y el alminar, del siglo X. Lo más llamativo del interior es la Capilla Mayor, con artesonado mudéjar y un retablo del siglo XII, trazado por Ventura Rodríguez, posterior a otro que había inicialmente. La imagen del centro es un "San José con el Niño", obra de Ruiz del Peral; a cada lado, entre columnas, relieves de "la Adoración de los Pastores" y "de los Reyes". En la parte superior, presidiendo el conjunto, la imagen de "un Crucificado". En la primera capilla que hay a la izquierda del Altar Mayor, la más interesante de las laterales, hay una imagen excepcional, un Crucificado de José de Mora: "el Cristo de la Misericordia", cuya réplica sale en la Procesión del Silencio el Jueves Santo, y que, junto con "el San Bruno"de este mismo autor, o "la Inmaculada" de Alonso Cano, ocupa un lugar de honor en la imaginería religiosa granadina. En esta misma capilla hay dos interesantísimos retablitos, uno renacentista y otro gótico, atribuído a Petrus Christus.

Para terminar este recorrido del Albaicín se proponen dos opciones: La primera, bajar por la calle San José hasta la calle **Caldererìa**, que en los últimos años ha ido tomando el aspecto de un zoco, repleta de teterías y tiendas de artesanía moruna. La otra, volver a la plaza de San Miguel y, por el **carril de la Lona** y la **cuesta de la Alhacaba**, salir a la Puerta de Elvira. En esta bajada, a mitad del carril de la Lona, a la derecha, está la **Puerta Monaita**, recuperada y restaurada. Es otra de las puertas de la época zirí que había en la muralla de la Alcazaba. Su nombre antiguo, con el que se la conocía antes del siglo XVII, era el de **Bibalbonaidar**, que significa "Puerta de las Eras". Ya al final de esta bajada, en una amplia explanada, se encuentra la emblemática **Puerta de Elvira**, la más importante y entrada principal de la ciudad antigua.

Superior:
Calle Calderería, auténtico zoco repleto de teterías y tiendas de artesanía moruna.

Centro:
Puerta Monaita, conocida antes como de Bibalbonaidar

Inferior:
Puerta de Elvira, entrada principal de la ciudad antigua.

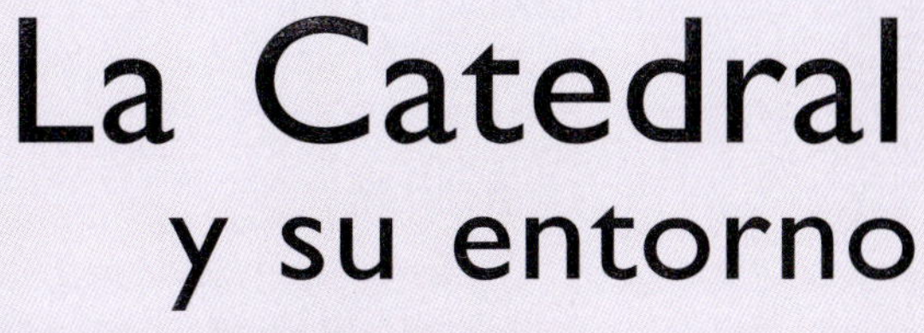

La Catedral y su entorno

INCLUYE TEXTOS MONOGRÁFICOS

(1) CATEDRAL, PÁG. 128

(2) CAPILLA REAL, PÁG. 152

(3) IGLESIA DEL SAGRARIO, PÁG. 170

(4) MADRAZA, PÁG. 172

Alhambra y Albaicín
Monasterio de Cartuja
Monasterio de San Jerónimo
Plaza Nueva
Elvira
Pavaneras
San Matías
Gran Vía de Colón
Plaza Isabel La Católica
S. Agustín
Plaza S. Agustín
Cárcel Baja
Oficios
Zacatín
Reyes
del Carmen
S. Jerónimo
Plaza de la Universidad
Plaza Pasiegas
Católicos
Lepanto
Escudo
Plaza de la Romanilla
Plaza Bib-Rambla
Plaza del Carmen
Angel Ganivet
M. de Gerona
Duquesa
Plaza de la Trinidad
Mesones
Puerta Real
Acera del Casino
Fábrica Vieja
Alhóndiga
Recogidas
Tablas
Buen Suceso
Gracia

(5) CORRAL DEL CARBÓN PÁG. 173

PLANO DE LA ZONA

MONUMENTOS PRINCIPALES

Aquéllos cuya fotografía ilustra el plano.

OTROS LUGARES A VISITAR:

INFORMACIÓN DE INTERÉS:

- Catedral (número 1) y Capilla Real (número 2) son los dos monumentos más importantes de este capítulo. Su visita es imprescindible.

INTRODUCCIÓN y recorrido

Centro histórico y corazón de Granada, es uno de los lugares más emblemáticos de la ciudad, lleno de rincones para la emoción y el ensueño.

Superior:
Monumento de la Plaza Isabel la Católica. Conmemora la entrevista de Colón con la reina Isabel, que financió su viaje a América.

Derecha:
Calle Reyes Católicos, en el centro de la Ciudad.

Las calles y plazas que aquí se encuentran son sin duda las más importantes de Granada, pues constituyen el auténtico "centro" histórico y comercial de la ciudad. Desde tiempos islámicos siempre ha sido éste un espacio de vital importancia, donde en pocos metros se han concentrado las actividades más importantes de sus gentes. Todo ello ha configurado uno de los lugares más simbólicos de Granada, tanto por sus monumentos, como por su paisaje urbano. Aquí están los edificios más emblemáticos de la ciudad y también, después la Alhambra, los dos monumentos más conocidos de Granada: **La Catedral** y **La Capilla Real.**

Hay otros monumentos de enorme valor y belleza, por los que el viajero a veces pasa casi por casualidad y sin darse cuenta, y que en otra ciudad, con no tanta riqueza monumental, merecerían una visita expresa: **La Iglesia del Sagrario,** junto a la Catedral, ubicada en el solar donde antiguamente se encontraba la Mezquita Mayor de la ciudad; **la Madraza,** Universidad árabe donde se estudiaba Teología y Derecho, en cuyo edifico remodelado estuvo el antiguo

Plaza Bibarrambla

Ayuntamiento; y **el Corral del Carbón,** lugar de encuentro y alojamiento para los mercaderes de la Granada musulmana. Estos tres monumentos merecerán una referencia expresa en las páginas de este capítulo, bajo el epígrafe **"Otros monumentos de interés".**

Otros edificios integrados aquí, que también deberían conocerse, son: **el Palacio Arzobispal,** en la Plaza de Alonso Cano; junto a él, **el Palacio de la Curia Eclesiástica,** de lo más interesante del Renacimiento granadino, construido como sede de la Universidad fundada en 1526 por Carlos V; **el Palacio de los Duques de Abrantes,** construcción del siglo XVI, con portada de estilo gótico y arcos mudéjares, en la Plaza de Tovar; **el Ayuntamiento de Granada,** en la Plaza del Carmen, ubicado en parte del antiguo Convento del Carmen, del siglo XVII.

Detalle exterior de la Capilla Real.

El espacio urbano por excelencia de esta zona de Granada es la **Plaza Bibarrambla,** una de las más típicas de la ciudad. En ella acababa la antigua urbe musulmana. En aquellos tiempos era de unas dimensiones mucho menor, y casi en nada se parecía a la actual. Era la Plaza Mayor de Granada, donde se celebraban todas las solemnidades y fiestas de la ciudad. Había en ella una célebre puerta, llamada de las "Orejas", y en el siglo XVI de las "Manos", porque en ella se colgaban los miembros de los ajusticiados. Esta puerta, incomprensiblemente se quitó de aquí, y fue colocada en el bosque de la Alhambra, donde se encuentra ahora. En la actualidad, la plaza posee un encanto especial y es uno de los lugares de reunión preferido por los granadinos; con sus tradicionales puestos de flores y las terrazas de sus bares y restaurantes, que avivan su aspecto y la llenan de vida, sobre todo en los meses de primavera y verano. El centro lo ocupa la "Fuente de Neptuno o de los Gigantones", del siglo XVII, aunque fue puesta aquí con posterioridad.

Detalle de la portada del Palacio de la Curia.

Junto a esta Plaza está la **Alcaicería,** quizá el lugar más recoleto y evocador de la antigua ciudad musulmana. Lo que hoy queda es una reconstrucción parcial de lo que fue este barrio mercantil musulmán, fundado por Yusuf I en el siglo XIV. Su actividad principal era el comercio de la seda, aunque se instalaran también otro tipo de negocios y comerciantes. Su nombre viene de la palabra árabe "al-Qaysaryya", que significa "Casa de César", y que según el historiador Hurtado de Mendoza fue el nombre que se dio a este tipo de mercados en el mundo árabe, en agradecimiento al emperador Justino I (518-527), que concedió a los árabes escenitas el privilegio de criar y beneficiar la seda.

Detalle de la fachada del Corral del Carbón.

Lo que hoy vemos es una pequeña parte reconstruida, que nos ayuda a hacernos una idea de lo que pudo ser. Llegaba desde la Plaza Bibarrambla hasta cerca de Plaza Nueva, y desde lo que hoy es la calle Reyes Católicos hasta la Mezquita, hoy Iglesia del Sagrario. Desgraciadamente la Alcaicería ardió la noche del 20 de julio de 1843, y lo que queda es un espacio mínimo, que sirve para admirar

Página anterior:
Tejados de la Catedral y la Capilla Real en la puesta del sol.

Izquierda:
Edificio del Ayuntamiento, en la Plaza del Carmen.

Derecha:
Escultura ecuestre que corona la fachada del Ayuntamiento.

en pequeño lo que fue en grande. Un verdadero enjambre de calles estrechas y plazuelas con casi doscientas tiendas. Tenía diez puertas de acceso, que se cerraban de noche y estaban vigiladas por guardianes con perros. Las casas eran de una sola planta y poco fondo; la más conocida era la de los "Gelices", y estaba al lado de la Mezquita. En ella tenían sus oficinas los "gelices" o arrendadores del comercio de la seda. Había también una Aduana y una Casa de administración de la seda.

Junto con el de la seda, el más importante, había mercados de paño, lana, ropa y otras muchas clases. Cada calle llevaba el nombre del comercio correspondiente. El "Zacatín" era la arteria principal del barrio; su nombre viene de "al-Saqqatin", que siginifica "baratilleros" o "ropavejeros", pero también había plateros, merceros, esparteros, etc. Esta calle todavía existe, pero en nada se parece a la que hubo, que desapareció por completo en el incendio. Curioso el nombre de otra de sus calles, la de los "Hombres de Confianza". Un poco irónico, teniendo en cuenta que allí se asentaban los cambistas y prestamistas, que probablemente serían judíos, ya que a los musulmanes el Corán les vedaba esta práctica.

Tras la Conquista, este barrio pasó a ser jurisdicción de la Alhambra, siendo regido por el gobernador de aquélla. En 1501 se publicó una Real Cédula por la que sólo se podía comerciar la seda en España en las alcaicerías de Málaga, Granada y Almería, como en época musulmana. En lo que hoy es la Alcaicería, que consta de tres calles y una plazoleta, se han consagrado una serie de comerciantes granadinos, que venden trabajos de artesanía y recuerdos, emulando a los antiguos mercaderes musulmanes.

AVEMARIA

La Catedral

Ideada como símbolo y expansión de la cristiandad por los Reyes Católicos, el verdadero artífice e impulsor de su construcción fue Carlos V.

La Catedral pertenece al más puro arte del Renacimiento, pero debido a la enorme cantidad de años que duró su construcción se mezcla el Gótico, Renacimiento, Barroco y Neoclásico, siendo, no obstante, su mayor aportación el estilo renacentista.

Si bien la ejecución material de la Catedral no se inicia hasta el año1523, los Reyes Católicos habían decidido su construcción mucho antes, en el año 1501. La Mezquita Mayor, anterior sede catedralicia, se había quedado pequeña; por lo que los Reyes decidieron la construcción de un nuevo templo como tal sede, mucho más acorde con la importancia que debía tener Granada como símbolo de la expansión de la cristiandad. Con esta intención, ese año realizaron la dotación de todas las posesiones, rentas y estipendios de la Mezquita Mayor para la futura Catedral. También donaron para ésta la Custodia de la procesión del Corpus, cruces y otras pertenencias. Sin embargo, como los Reyes Católicos estaban más interesados en la finalización de la Capilla Real (que había sido promovida como capilla funeraria, para que acogiese sus restos mortales en Granada), postergaron su construcción. La Capilla Real terminó de construirse, al menos en su primera fase, en 1515, un año antes de morir el rey Fernando; y la ejecución material de la Catedral no se inició hasta

Izquierda: *Fachada principal de la Catedral. Fue proyectada por Alonso Cano.*

Superior: *Detalle del ábside, visto desde la calle Gran Vía.*

algunos años más tarde. El verdadero impulsor y artífice de su construcción fue Carlos V.

La traza, de estilo gótico, la realizó el maestro Enrique Egas en 1518. El 25 de marzo de 1523, día de la Encarnación, a la que se dedica el templo, se colocó la primera piedra. La peste suspendió la obras, que se volvieron a reanudar en 1524. Desde entonces hasta 1528 trabajó en ellas Enrique Egas, que fue cesado ese año; siendo Diego de Siloé quien desde ese momento toma el relevo de las mismas. El gran mérito de este último fue adaptar el trazado gótico de la planta de Egas, a una construcción más acorde con los nuevos tiempos, de estilo romano. En el año 1561, aún sin terminar (apenas estaba cubierta la cabecera), se habilitó para el culto. En 1563 muere Siloé y le sucede Juan de Maeda, pero la Revolución de los Moriscos en 1568 hace que se suspendan las obras. A partir de entonces diferentes maestros arquitectos fueron sucediéndose en la dirección. Destacamos entre todos ellos la figura de Alonso Cano, que trazó la fachada, aunque de manera muy distinta a la proyectada inicialmente por Siloé. El edificio quedó por fin terminado en el año 1704, más de ciento ochenta años después de haberse puesto la primera piedra.

Superior:
Vista general de la Catedral con la falda de Sierra Nevada al fondo.

LA FACHADA EXTERIOR

La **fachada principal,** que se encuentra en el *costado oeste,* fue trazada por Alonso Cano en 1667, poco antes de su muerte. Está enmarcada por tres grandes portadas que semejan tres grandes arcos de triunfo. El medallón en relieve sobre la puerta central representa la Encarnación, título de la iglesia, con una cartela en relieve del "Ave María", nos da la magnífica talla de Risueño como escultor. Las dos figuras que flanquean esta puerta son los apóstoles Pedro y Pablo y se atribuyen a Duque Cornejo. En los huecos que coronan las puertas laterales hay dos relieves, que representan la Asunción de María y la Visitación, son de Miguel y Luis Pedro Verdiguier. De estos últimos son también tanto, los medallones con los santos evangelistas, que aparecen bajo la cornisa central, como la imágenes que hay sobre ella, que representan el Antiguo y Nuevo Testamento y los Arcángeles Miguel y Rafael.

En la fachada del *costado norte* cabría destacar la **Puerta de San Jerónimo,** que se encuentra pasada la torre, y sobre todo la **Puerta del Perdón.** El primer cuerpo de esta puerta, de Diego de Siloé, es quizá la obra escultórica más importante de este artista. Presenta dos columnas corintias a cada lado y en las enjutas sobre el arco (de medio punto) hay dos figuras alegóricas a la "Fe" y la "Justicia", que sostienen una cartela en latín en la que se declara cómo la Fe y la Justicia dieron la ciudad a los Reyes Católicos y la sede a su primer arzobispo, Fray Hernando de Talavera. El segundo cuerpo es de Ambrosio de Vico y está coronado por la figura de Dios Padre (en el interior del arco).

En el *costado este* solamente haremos referencia a la **Puerta del Ecce Homo,** la más antigua de la Catedral, que trazó Siloé y que ejecutaría Sancho del Cerro. Aquí terminaría el recorrido exterior, ya que por el *sur* la catedral no presenta fachada, pues por este costado tiene adosadas l**a Iglesia del Sagrario** y **la Capilla Real.**

Superior:
Detalle del medallón que hay sobre la puerta principal. Representa la Encarnación.

Derecha:
Puerta del Perdón, en el costado norte.

En realidad la Catedral debía tener dos torres gemelas, pero al proyectarse hacer a un lado la iglesia del Sagrario se desechó la idea. Sólo hay una torre, que tiene tres cuerpos, con una altura de unos cincuenta metros, y que está si acabar. El proyecto de Siloé era con dos torres, de una altura de unos ochenta metros cada una. Este proyecto inicial contaba con los tres cuerpos en forma cúbica, que tiene la torre actual, y un cuarto cuerpo más en forma de octógono. Sin embargo, debido a un debilitamiento de la torre en 1590, no se hizo el cuarto cuerpo. Más tarde se intentó de nuevo en 1636, pero tampoco llegó a hacerse, dejándose por tanto inconclusa. La torre actual en forma cuadrada se divisa desde cualquier parte alta de Granada, y por su majestuosidad es un símbolo de la ciudad.

Superior:
Hermoso juego de formas, de los techos que cubren las naves de la Catedral.

LA PLANTA Y EL ALZADO INTERIOR

Llegamos al interior y entonces no podemos dejar de asombrarnos ante la grandiosidad de las naves y de las columnas y su enorme blancura, que más nos da la sensación de palacio renacentista, que de catedral. No es una iglesia que nos llame a la devoción y al recogimiento, sino más bien al asombro y a la exaltación del espíritu humano. Es aquí donde la Catedral granadina nos sorprende y nos llena de admiración. Pero vayamos por partes.

En la Catedral hay dos partes muy diferenciadas:

a) La planta gótica, trazada por Enrique Egas, igual a la de la Catedral de Toledo, con girola o deambulatorio. Con su cruz latina totalmente difuminada en su entorno con las capillas que rodean la girola entroncadas en los contrafuertes, formando hornacinas, para no distraer la atención del Altar Mayor.

b) El alzado de las columnas y Capilla Mayor, que cambia la idea primitiva del Gótico para transformarlo en un templo renacentista de traza romana. No en balde, Siloé aprovechó su estancia en Italia para inspirarse en las columnas con capiteles corintios y en la adaptación de elementos cúbicos y cilíndricos para trazar la Capilla Mayor (esto se había anunciado ya en Florencia con la obra de Brunelleschi y con Bramante y Miguel Ángel en San Pedro, en Roma). Siloé hizo confluir la planta rectangular hacia el círculo de la

PLANO DE LA CATEDRAL

(Como edificios anexos: la Iglesia del Sagrario y la Capilla Real)

IGLESIA DEL SAGRARIO

Ocupa gran parte del solar donde estuvo ubicada la antigua Mezquita Mayor. Su construcción fue muy posterior a la Catedral.

CAPILLA REAL

Pensada inicialmente como capilla perteneciente a la Catedral, su construcción fue anterior. Mantuvo su independencia y la de las instituciones que la rigen.

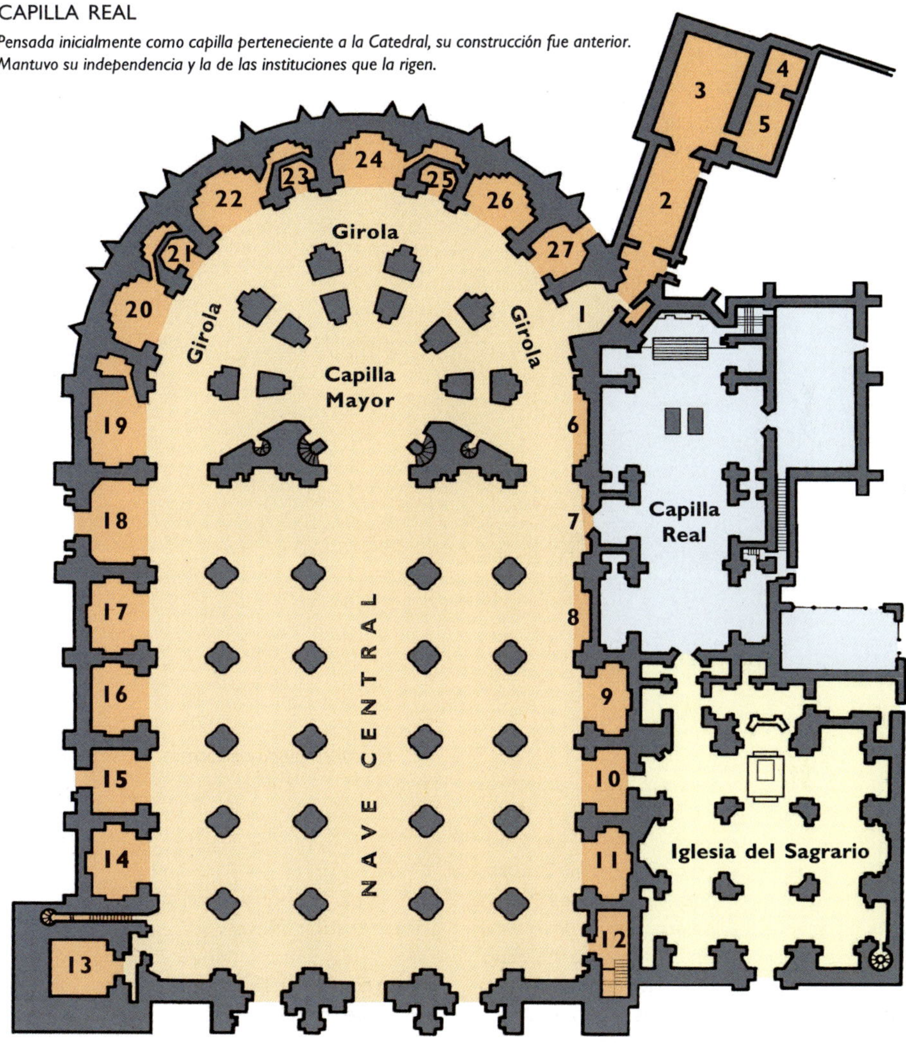

CATEDRAL

1. Portada de la Sacristía
2. Antesala a la Sacristía
3. Sacristía
4. Oratorio de la Sala Capitular
5. Sala Capitular
6. Retablo de Santiago
7. Portada de la Capilla Real
8. Retablo del Nazareno
9. Capilla de la Santísima Trinidad
10. Puerta del Sagrario
11. Capilla de San Miguel
12. Puerta de la Contaduría
13. Portada de la antigua Sala Capitular (actualmente Museo)
14. Capilla de la Virgen del Pilar
15. Puerta de San Jerónimo
16. Capilla de la Virgen del Carmen
17. Capilla de la Virgen de las Angustias
18. Puerta del Perdón
19. Capilla de Nuestra Señora de la Antigua
20. Capilla de Santa Lucía
21. Capilla del Cristo de las Penas
22. Capilla de Santa Teresa
23. Capilla de San Blas
24. Capilla de San Cecilio
25. Capilla de San Sebastián
26. Capilla de Santa Ana
27. Puerta del Ecce Homo

Capilla Mayor, hacia la que se deriva toda la atención. La Capilla Mayor, con su bóveda ascendente de enorme altura, es el centro de todos los ejes, que se irradian desde la puerta principal y desde la girola; sin coro y sin capillas notables laterales que distraigan la atención. Aquí es donde yace el enorme valor de esta Catedral en la que Siloé supo aprovechar lo dejado por Egas para adaptarlo a una idea totalmente nueva, aprovechando el brazo rectangular del crucero, que habría dividido la Catedral en dos sectores bien definidos.

Página anterior:
La Catedral desde su nave central. Al fondo la Capilla Mayor.

Inferior:
El techo desde el centro de la nave central.

LA NAVE CENTRAL

Debemos por un momento pararnos a admirar la grandiosidad y perfección de formas de la nave central, que nos lleva de inmediato, en menor escala, a los grandes templos italianos de esta época. No habría pecado en compararlo, aunque en grado menor, a San Pedro del Vaticano. Las bóvedas hechas en crucería, con diferentes motivos, son una innovación dentro del arte renacentista. La anchura de las naves y las columnas, así como la relativa baja altura de sus bóvedas y crucerías, hace pensar que Siloé tuvo muy en cuenta los terremotos al realizar el alzado de la Catedral.

La ausencia de un coro en el centro, que quita visibilidad y grandiosidad, debe hacerse notar. El coro se suprimió con notable acierto en 1926, año en que se trasladó a su lugar original, tras la Capilla Mayor. El contraste de luces, blancura, vidrieras y el entorno de los dos órganos gemelos (en el centro de la nave) le da un aire no igualado en ninguna iglesia española. Las columnas no son individuales, sino en bloques de cuatro, con un pie que les da aún mayor realce y altura. Digamos que es desde aquí, desde donde podemos admirar la obra de Siloé y de Cano en su plenitud. También podemos admirar la gran extensión de la Catedral en su totalidad; mide ciento quince metros de largo por sesenta y siete de ancho.

Justamente en el centro de la nave central se haya el "Panteón de Arzobispos", lugar donde se enterró al insigne Alonso Cano. Este hecho se ignoraba hasta hace poco, lo que indica que no se le dio un lugar preferente, como debió ser.

VERE · DOMINVS · EST

Mención especial merecen **los dos órganos** gemelos, que se hallan cerrando los laterales de la nave central; obra del siglo XVIII, época del auge de la música de órgano. Se terminaron en 1745 y 1749, especialmente puestos para cerrar el coro, que estuvo aquí. Son obra de Leonardo Fernández Dávila. Se nota enseguida que son españoles, por las trompetas en abanico que salen hacia el exterior en forma de baterías de cañones, en oposición al órgano centroeuropeo que sólo tiene tubos verticales.

Página anterior:
Los órganos, del siglo XVIII, son uno de los elementos que mayor grandiosidad aportan al monumento.

Superior:
Detalle del techo de la nave central y los dos órganos, con sus trompas en abanico saliendo hacia el exterior.

LA CAPILLA MAYOR

Sentémonos en el centro de la nave y veamos su entramado. La Capilla está enmarcada tras un arco de triunfo, que se cubre con un arco toral que se va estrechando a medida que alcanza el centro. La decoración de los muros se basa en las vidrieras de los dos pisos superiores y en los lienzos de Alonso Cano, para la vida de la Virgen.

Superior:
Detalle del templete de plata que ocupa el centro del Altar Mayor, con la cúpula que cierra la Capilla Mayor como fondo.

La bóveda tiene una altura de cuarenta y cinco metros y el diámetro de la base es de veintidós metros. Su decoración la dejó ya hecha Siloé y cuenta con las vidrieras, obra de Teodoro de Holanda y Jan van Campen, o Juan del Campo, entre 1554 y 1561. Los motivos de éstas son la Vida y Pasión de Jesús y escenas bíblicas.

En la parte inmediatamente inferior, los siete grandes lienzos de Alonso Cano, con los que rellenó los huecos existentes (probablemente para más vidrieras), encargo del Cabildo, para enaltecer a la Virgen María, a la que se dedica este templo y en particular al Misterio de la Encarnación.

Los siete cuadros (sólo se ven tres de frente) representan a María desde su nacimiento hasta su Asunción. Gran problema es el que se le presentó a Cano, ya que la enorme altura y dimensión de los huecos, dificultaban el proyecto, pues las figuras podían resultar demasiado alargadas, o demasiado pequeñas si hubiese dividido los cuadros en dos mitades. Otro problema era el colorido, que habría de ser brillante y alegre, pero sin estridencias, para no ser disminuido por la claridad de las vidrieras.

Estos problemas las resolvió Cano de una manera original: las figuras quedarían alzadas sobre escalones o pretiles, en la parte baja, o rellenando la parte alta con escenas celestiales o paisajes arquitectónicos, con lo que las figuras quedarían a escala normal. El colorido es brillante, pero al quedar "enmarcadas" en los dorados, quedan resaltadas y no se ven afectadas por la luz de los vitrales. Como detalle notorio del que ocupa el centro, el de "La Encarnación", eje principal de todos los cuadros, cabe destacar el hecho de que el Arcángel San Gabriel esté arrodillado y con las alas caídas, demostrando la reverencia hacia la Virgen y exaltando a ésta.

El cuerpo inferior está decorado con cuadros de los Doctores de la Iglesia, sus nombres figuran en latín y cubren los nichos que iban a ser destinados a tumbas de reyes, como era la idea de Carlos V, que quiso hacer aquí el Panteón Real, que posteriormente sería para arzobispos; pero jamás fueron utilizados. Felipe II decidió finalmente que el panteón donde descansaran los restos mortales de los reyes españoles fuera el *Monasterio de El Escorial.* Los cuadros son obra de Bocanegra y Juan de Sevilla. Inmediatamente bajo éstos se hallan estatuas doradas de los doce apóstoles, que fueron hechas por Martín de Aranda, Bernabé de Gavira y Alonso de Mena.

En los laterales se encuentran, a ambos lados, las estatuas orantes de los Reyes Católicos, hechas por Pedro de Mena, y sobre ellos, los bustos de Adán y Eva, obra de Cano, que aquí tienen un aire de Miguel Ángel, sobre todo en el giro de la cabeza.

Llegamos abajo y nos encontramos con dos púlpitos barrocos, uno a cada lado, y hechos en mármol de Lanjarón (un pueblo de la Alpujarra granadina), obra de Francisco Hurtado Izquierdo, en el mismo estilo del retablo de nuestra Señora de las Angustias. Los candelabros fueron diseñados por Cano y hechos por el platero Diego Cervantes Pacheco.

Queda ya sólo el Altar Mayor, en forma de templete, que es moderno, obra de José Navajas Parejo y que se colocó en 1926. Es de plata, con pie de serpentina de Sierra Nevada, hecho por el mismo José Navajas Parejo y lo costeó el Duque de San Pedro Galatino (gran mecenas de Granada, cuyos restos yacen en la *Capilla de la Antigua,* en esta Catedral). Tras éste se halla el coro, del siglo XVI. Entre éste y el coro se encuentra el facistol, obra de Cano y hecho en serpentina, caoba y adornos de bronce dorado.

Derecha:
Detalles de los dos púlpitos barrocos, a cada lado del Altar Mayor. Son obra de Francisco Hurtado Izquierdo.

Alonso Cano
"El Miguel Ángel español"
(1601-1667)

Página anterior:
"La Visitación" (1563). Uno de los siete grandes lienzos, realizados por Alonso Cano, que decoran la Capilla Mayor.

Superior:
Retrato de Alonso Cano. (Imagen cedida por el Museo de Bellas Artes de Cádiz).

Nació en Granada, hijo de Miguel Cano y María de Almansa. Su padre era tallista y trabajó en varios retablos. Fue por tanto de él de quien tomaría Cano el interés por el arte. Parece ser que, debido a un encargo, o por la falta de artistas de renombre, su padre decidió marcharse a Sevilla en el año 1614, donde había más actividad artística. Tenía pues Cano solamente trece años.

En Sevilla entró a estudiar y trabajar en el taller de Francisco Pacheco en 1616. Allí conoció al posterior genio universal de la pintura Diego Velázquez, del que se hizo buen amigo. En este taller trabajó Cano durante cinco años, aprendiendo el arte de la pintura. El arte de la arquitectura, así como el de "retablista" lo aprendió de su padre, y el de la escultura de Martínez Montañés, también en Sevilla. Todas estas influencias harían de Cano un artista completo y genial. Durante sus años en Sevilla dejó como obras importantes el "Retablo de la Iglesia de Lebrija" y el "Cuadro de S. Francisco de Borja".

En su vida sentimental casó con María de Figueroa en 1625, de la que enviudó dos años después a consecuencia del parto. Apenado por su viudez, contrajo posterior matrimonio en 1631 con una joven de unos doce años de edad: María Magdalena de Uceda, que aportó una gran dote al matrimonio, así como un esclavo negro. Pero Cano, a pesar de lo mucho que ganaba por sus encargos amén de la dote de su esposa, acabó en la cárcel de deudores por su mala administración y excesivos gastos, sobre todo en libros, casas y obras de arte.

En el año 1638 marcha a Madrid por primera vez, con 37 años y una extraordinaria formación en las tres artes plásticas ya citadas. Cuando llega a Madrid, su viejo amigo Velázquez y Juan de Pareja actuarían como padrinos suyos. Igualmente Velázquez intercedería ante el Conde-Duque de Olivares para que ingresase como pintor y ayuda de cámara en la corte de Felipe IV. También fue nombrado profesor de dibujo del príncipe Baltasar Carlos, hijo de Felipe IV. De su estancia en Madrid sólo se le reconoce una obra: "El Milagro del Pozo", ya que la mayor parte de su actividad artística consistió en la restauración de cuadros, amén de que por aquella época era poco dado al trabajo y pasaba mucho tiempo viendo cuadros y dibujos.

monográfico

En 1644 un tristísimo suceso iba a trastocar su vida para siempre, el asesinato de su segunda esposa cosida a puñaladas, al parecer por un joven al que Cano había permitido estudiar en su taller. El maestro fue acusado del asesinato y como tal fue sometido a tortura por la Inquisición, con sus "habituales" métodos. No obstante, lo cierto es que sus torturadores no le tocaron ni el brazo ni la mano derecha. Puede que en respeto a su maestría, o quizás debido a la intercesión del Rey. Afortunadamente, al final Cano salió ileso e inocente de aquel terrible proceso.

Amargado, solo y resentido se marchó a Valencia ese mismo año, con la idea de ingresar como Cartujo en el Monasterio de "Porta Coeli". Hasta tal punto pensó en el ingreso, que allí dejó todos sus bienes personales. Al final abandonaría esta idea, llevando durante algunos años una vida atrabiliaria y pendenciera, que le llevó incluso a verse envuelto en algunos duelos. En 1651 dio un nuevo giro a su vida, planteándose otra vez la vida religiosa, y solicitando el ingreso como canónigo en la Catedral de Granada, su ciudad natal. En 1652, como la única plaza vacante que había era la de músico se le ofreció el puesto de "racionero[1]". Sin embargo, en lugar de dar su parte o ración como músico o cantor, lo haría con trabajos de pintura, escultura y arquitectura, con los que embellecería la Catedral, a la que le quedaban todavía muchos huecos por rellenar y parte del edificio sin terminar, como las bóvedas y fachada principal.

Para entrar en el cuerpo catedralicio tuvo que pasar la prueba de limpieza de sangre. Esto suponía demostrar que no tenía antecedentes judíos, lo que naturalmente hizo sin problemas. Es más, Cano sentía una tremenda animadversión hacia los judíos, que llegó a ser maniática, le daba asco que le tocaran la ropa y no pisaba por donde ellos habían pasado. Llegó a darse el caso de que estando muy enfermo en una ocasión, el párroco de Santiago fue a administrarle la Eucaristía. Cano muy serenamente le preguntó si también daba los sacramentos a los judíos penitenciarios. Como aquél le contestó afirmativamente, Cano respondió: "váyase con Dios... porque quien da los sacramentos a los judíos no me los ha de dar a mí", y lo despidió haciendo llamar al cura de San Andrés.

Ya en su puesto como racionero, los canónigos le habilitaron como vivienda y taller el primer piso de la torre, eximiéndole incluso, cuando estaba trabajando en obras de arte para la Catedral, de asistir a los oficios religiosos, excepto domingos y festivos. No obstante, sus relaciones con los canónigos no debían de ser muy buenas, pues éstos se quejaban de que no hacía ningún trabajo de importancia, llegando incluso a cuestionar su capacidad como pintor. El maestro, ante las dudas del cabildo sobre sus capacidades artísticas, así como su racanería para pagarle los estipendios y materiales de trabajo (lle-

Izquierda:
"La Asunción" (Alonso Cano, 1662-1663).
Decora la Capilla Mayor.

[1] Racionero es el que aporta su parte o ración a una catedral o colegiata. En este caso Cano debería aportar su "ración" de voz en el coro.

garon a estar cuatro años sin pagarle), comenzó a dejar de asistir a los oficios y a molestarles lo más posible. Estas diferencias provocarían que se pospusiera su ordenación como clérigo, y que Cano se marchara de nuevo a Madrid en 1657.

No deja de ser curioso que al cabildo le pareciera "poco" lo hecho por Cano en su primera estancia granadina, en la que el maestro, entre otras, realizó las siguientes obras: diseñó las dos lámparas de plata del Altar Mayor, hizo el facistol, proyectó los siete cuadros de "La vida de la Virgen" para el Altar Mayor, trazó los planos para la Iglesia y Convento del "Ángel Custodio" (donde hoy se halla el "Banco de España"), pintó catorce cuadros, hizo las famosas estatuas de santos (en madera) que hoy se hallan en el museo de Bellas Artes de Granada y, sobre todo, su gran obra escultórica, una de las más importantes de la escultura española de todos lo tiempos: "La Inmaculada" (1655-56), que inicialmente se proyectó para coronar el facistol[2].

Una vez en Madrid, consiguió del Rey el permiso para ordenarse clérigo, y al fin lo hizo en Salamanca, en marzo de 1658. Con esta prebenda y con el apoyo de Felipe IV fue readmitido de nuevo en Granada como racionero en 1660. Además, los canónigos, antes tan rácanos, terminaron por abonarle todo lo que le debían.

Sin embargo, en este último capítulo de su vida Cano tampoco fue bien tratado por parte del cabildo catedralicio. Y es que, una vez terminados los siete cuadros de "La Vida de la Virgen" (que engrandecen el Altar Mayor), así como "La Virgen de Belén" (pensada para el facistol, en lugar de la "Immaculada"), los canónigos le privaron de su vivienda en la torre, ordenándole su inmediato abandono. ¡Qué mal supieron agradecerle su trabajo! Y eso que las dos esculturas de la Virgen que hizo para el facistol (la "Inmaculada" y la "Virgen de Belén") fueron vistas por parte del cabildo de una belleza tal, que prefirieron cambiar su ubicación inicial por otra en la que pudieran ser admiradas mejor y más cerca.

Situemos ahora una anécdota de la vida de Cano que nos ayudará a conocer mejor la fuerza y carácter de este genial artista. Hacia esta época, corría el año 1666, Cano realizó una imagen de San Antonio de Padua de pequeño tamaño que le había sido encargada por un "oidor[3]". Cuando la imagen estuvo terminada el oidor le preguntó por el precio. El maestro le contestó que valía cien doblones. Como quiera que al oidor no le salieran las cuentas entre precio y días trabajados, le vino a decir al artista que le estaba cobrando casi un doblón por día de trabajo y que él, como "oidor de Granada y en facultad más noble", no ganaba tanto. Cano ya bastante airado le respondió: "Oidores los puede hacer el Rey del polvo de la tierra, pero sólo a Dios se reserva el hacer un Alonso Cano", y lleno de furia y sin aguardar respuesta tiró la figura al suelo haciéndola pedazos.

Superior:
"La Purificación de la Virgen y Presentación del Niño" (Alonso Cano, 1655-1656). Decora la Capilla Mayor.

[2]El facistol es una especie de atril de grandes dimensiones donde se ponían los libros del coro.
[3]Magistrado encargado de administrar la justicia en las causas del reino.

Por el contrario, con los pobres fue muy caritativo y los socorrió en todo lo que pudo. Como siempre andaba corto de dinero, su limosna consistía en hacerles un dibujo, diciéndoles después quién se lo compraría y cuánto deberían pagarles. Esta faceta muestra la humildad y ternura para con los necesitados y la soberbia e irascibilidad para con los que ponían en duda su valía, ¡fuesen nobles, oidores o ministros de la Santa Iglesia!

El 4 de mayo del año 1667 los canónigos le nombraron "Maestro Mayor" de la catedral, aprobándose también en este año su último proyecto, que Cano nunca vería hecho realidad: la fachada de la catedral, pues moriría tres meses después. De esta última época pueden datar los bustos de "Adán" y "Eva", "La Cabeza de San Pablo", "La Immaculada" del oratorio de la Catedral, "El Encuentro de Jesús y su Madre Camino del Calvario" o "Vía dolorosa", del retablo del Nazareno. También la traza de la "Iglesia de la Magdalena" y el lienzo de la "Virgen del Rosario", en la Catedral de Málaga.

Cano murió el 3 de septiembre de 1667. Los canónigos dieron una simple nota y muy escueta de su fallecimiento y los funerales, que se celebraron poco menos que deprisa y corriendo el mismo día del fallecimiento. Al menos le concedieron la gracia de ser enterrado en la cripta de la Catedral, tal y como él había solicitado. Aquí, en el momento de su muerte, encontramos la última anécdota de su vida, muestra de su carácter y sensibilidad hacia la belleza clásica. Estando ya moribundo vino a verle un cura con un crucifijo en el que la imagen tallada "no era de muy buena mano". Cano al verlo le pidió que se lo apartase. El cura respondió: "Hijo, ¿qué hace? Este Señor te redimió". A lo que Cano replicó: "Padre mío, ¿pero quiere que me irrite y me lleve el diablo? Déme una cruz sola, que yo allí le venero y reverencio en sí, y como yo le contemplo en mi idea". Y tomando en sus manos una tosca cruz de madera expiró.

Fue tan pobre en sus últimos años que en su testamento no pudo dejar ni un doblón para que dijeran misas por su alma. Lo poco que tenía estaba en Valencia, en la Cartuja ya mencionada de "Porta Coeli",y se reducía a libros, estampas y algunos moldes.

Cano fue un incomprendido, pues nació fuera de su tiempo. Era en todo un hombre del Renacimiento, que al igual que ellos dominó todas las artes plásticas.

Izquierda:
"La Encarnación" (Alonso Cano, 1652). De los siete lienzos que decoran la Capilla Mayor, éste es el que ocupa el centro, pues esta iglesia está dedicada al Misterio de la Encarnación.

monográfico

Superior izquierda:
Cristo Crucificado de Martínez Montañés.

Superior derecha:
Vista general de la Sacristía.

Inferior:
Inmaculada Concepción, obra maestra de Cano.

LA SACRISTÍA

Antes de entrar debemos contemplar su bella portada, de Diego de Siloé. Se trata de una puerta ricamente decorada en la que sobresale una Virgen con el Niño que hay sobre la cornisa, con las figuras de San Pedro y San Pablo a los lados. Las magníficas hojas de las puertas, de nogal, tienen cabezas de apóstoles y santos labradas en sus tableros.

La Sacristía se halla al fondo de un pequeño pasillo o antesacristía donde se encuentran los armarios, hechos en nogal, para guardar los ternos de los sacerdotes. De los cuadros de esta antesala, sólo cabe destacar "La Anunciación a los Pastores", de Bassano, y uno de "La Sagrada Familia", de J. de Sevilla. Ya en la Sacristía, del siglo XVIII, hay al frente un Crucificado de Martínez Montañés, de la escuela sevillana, que preside la estancia. Encima, una "Anunciación" de A. Cano y bajo ellos, la gran obra del mismo autor: La "Inmaculada Concepción", pequeña escultura de unos 50 cm., hecha en madera de cedro. La peana de plata es posterior. Es, sin lugar a dudas, la mejor obra de la Catedral, y quizá, por su belleza, su colorido, sus manos y su reducido tamaño, la mejor escultura del siglo XVII español.

Izquierda:
Retablo de Santiago,
de Francisco Hurtado Izquierdo.
La imagen del centro,
que da título al retablo,
es Santiago Apóstol o "Matamoros",
obra de Alonso de Mena.

La habitación está rodeada por un conjunto de cajoneras, hechas en caoba, diseñadas por Miguel Verdiguier y ejecutadas por Dezelles. En la parte superior de las cajoneras se hallan colocados unos magníficos espejos de vestir, de estilo barroco, procedentes de la Real Fábrica de Espejos, de París. Por encima de éstos hay un "Apostolado" (conjunto de cuadros de los Santos Apóstoles), de la Escuela de José de Ribera, "El Españoleto", aunque el San Pedro, bien pudiera ser suyo.

LAS CAPILLAS DE LAS NAVES LATERALES Y LA GIROLA

Describiremos, para terminar, las capillas y algunas portadas que ocupan las naves laterales y la girola. La mayoría de las capillas son de época barroca y una neoclásica. No obstante, como quiera que son numerosas, hemos preferido hacer una breve reseña de cada una de ellas y detenernos en describir de forma más extensa aquéllas que a nuestro juicio son más interesantes. Empezaremos nuestro recorrido por la primera capilla que hay saliendo de la Sacristía a la izquierda, hasta llegar a la puerta principal; y ya en la nave opuesta, desde esta puerta hasta el final de la girola. Junto al nombre de cada capilla o puerta aparece un número que corresponde a la situación de ésta en el plano general que hay en la página 133.

Retablo de Santiago (6): De estilo barroco, en madera policromada, hecho por Francisco Hurtado Izquierdo. La imagen del centro que da título al retablo, obra de Alonso de Mena, es Santiago Apóstol o "Matamoros" (así lo conocía el vulgo, pues según la tradición se apareció en la batalla de Clavijo en el año 857 y los derrotó). Las estatuas laterales, de José y Diego Mora, representan al patrón de Granada, San Cecilio, y a San Gregorio. Encima hay un pequeño cuadro que representa a la "Virgen de los Perdo-

Izquierda:
Retablo del Nazareno.

Inferior:
Portada de la Capilla Real.
En un principio esta puerta estaba abierta a la calle. Cuando se construyó la Catedral, adosada a la Capilla, quedó en el interior del monumento.

Pablo ermitaño", todos ellos de José Ribera *(El Españoleto);* si bien el último de ellos (San Pablo) podría ser una copia. Dos retratos de Jesús y María, un "Encuentro de Jesús y María en el camino del Calvario" y un "San Agustín", obras de Alonso Cano. Por último, un "San Francisco de Asís", que por su afilado trazo se atribuye al Greco.

Capilla de la Santísima Trinidad (9): Sobre esta capilla solamente decir que debe su nombre al cuadro que figura en la parte superior del tríptico, que representa el "Misterio de la Santí-

nes", regalo del papa Inocencio VIII a la reina Isabel. Este cuadro presidió el altar ante el que se celebró la primera misa en Granada, en la Alhambra, tras la Reconquista. Arriba, en el centro, hay una Purísima (puede ser de Risueño o de Mena), y a cada lado, dos cuadros de los obispos Santo Tomás de Villanueva y San Pedro Pascual, de Risueño.

Portada de la Capilla Real (7): Esta puerta se hizo abierta a la calle, pero cuando se construyó la Catedral, adosada a la Capilla Real, quedó dentro. La traza es de Enrique Egas, de estilo gótico isabelino. Coronando la puerta hay una Epifanía con la Virgen y el Niño, y a ambos lados San Jorge y Santiago. Sobre el arco de la puerta, bien visibles, el escudo y los emblemas de los Reyes Católicos.

Retablo del Nazareno (8): De estilo barroco, obra de Marcos Fernández Raya, es un retablo pensado para enmarcar cuadros, entre los que se hallan: "Aparición del Niño Jesús a San Antonio" (el más alto y grande de todos), "Martirio de San Lorenzo", "Cabeza de San Pedro", "María Magdalena" y "San

sima Trinidad". Es obra de Alonso Cano, boceto de otro de grandes dimensiones que pintó para el Convento de San Antonio. Este último cuadro es legendario, pues dice la leyenda que Cano lo pintó para los monjes del convento citado a cambio de un plato de "chanfainas" (guiso hecho a base de bofes y livianos).

Puerta del Sagrario (10): Comunica la Catedral con la Iglesia del Sagrario. No hay nada notable, a excepción de una "Anunciación" de Pedro Anastasio Bocanegra y a su derecha un cuadro del "Nazareno", ante el que rezaba San Juan de Dios. Enfrente hay una copia del milagroso "Cristo del Paño", del pueblo de Moclín.

Capilla de San Miguel (11): Es la última capilla de esta nave y uno de los últimos retablos realizados (1804-1807). Está hecho en mármol y es de estilo neoclásico. Lo más destacable es el relieve del "Arcángel San Miguel", que da nombre a todo el conjunto, labrado en mármol blanco por Juan Adán.

Puerta de la Contaduría (12): Es la última portada de esta nave y se llama así porque tras ella se encontraban las oficinas de Contaduría, que era el lugar donde se administraban las cuentas y caudales de la institución catedralicia.

Portada de la antigua Sala Capitular (actualmente museo) (13): Es la primera puerta que encontramos ya en la nave opuesta. Es obra de Maeda, discípulo de Siloé. Las figuras sobre el arco representan "La Prudencia" y "La Justicia". Sobre la cornisa, en un segundo cuerpo, hay una "Caridad", obra de Diego Pesquera. El interior ocupa el espacio del hueco de la torre; antiguamente fue la Sala Capitular Catedralicia y actualmente alberga un pequeño **museo.** En él encontraremos buenas tallas de Alonso Cano y Pedro de Mena, tapices de Bruselas, ternos bordados por moriscos en el siglo XVI, una Custodia donada por la reina Isabel la Católica para la procesión del Corpus Christi, cálices y diferentes alhajas (donaciones de arzobispos, reyes y papas). Habría que destacar también el cuadro de "La Virgen con el Niño Jesús", atribuido a Leonardo Da Vinci.

Capilla de la Virgen del Pilar (14): De estilo neoclásico, hecha en mármol y bronce, su retablo central representa la aparición de la Virgen a Santiago y es obra de Juan Adán, autor también de las restantes esculturas de la capilla. A continuación de esta capilla está la **Puerta de San Jerónimo (15);** su hueco fue cerrado para hacer una Sala de Beneficiados, actualmente es una capilla, pero carece de interés.

Capilla de la Virgen del Carmen (16): Es un retablo de estilo barroco tardío, casi Rococó. El centro lo ocupa la imagen de "La Virgen del Carmen", que se atribuye a José de Mora. Las figuras que acompañan a la

Izquierda:
"El Lavatorio", "La Última Cena" y "La Oración en el Huerto" (Teodoro de Holanda 1559-1560). Estas vidrieras decoran la Capilla Mayor.

"La Crucifixión" (Juan de Campo 1558-1561). Capilla Mayor de la Catedral.

representa el "Paño de la Verónica". A continuación de este retablo, pasado el crucero, está la **Puerta del Perdón (18).**

Capilla de Nuestra Señora de la Antigua (19): Es otro de los retablos más interesantes, de estilo barroco, con un exagerado afán de recargamiento que nos lleva al Churigueresco exacerbado[4]. Es todo de madera policromada con pan de oro. Lo trazó Duque Cornejo. El centro lo ocupa una imagen de "Nuestra Señora de la Antigua", que por su simplicidad y elegancia (de estilo gótico alemán del siglo XV), choca con el gran recargamiento del retablo. Esta imagen de la Virgen era de una especial devoción para los Reyes Católicos, que la trajeron a Granada en tiempos de la Conquista y la donaron a la Catedral.

Las figuras que hay a ambos lados de la Virgen son "San Gregorio " y "San Cecilio". Ilustran también el retablo pequeños lienzos y relieves con escenas de la vida de la

Superior izquierda:
Capilla de la Virgen de las Angustias.

Superior:
Imagen en mármol blanco de Nuestra Señora de las Angustias.

Virgen a uno y otro lado son "San Simón Stock" y "San Elías". La parte baja del retablo la ocupa una imagen de "Santa Casilda Muerta", de Torcuato Ruiz del Peral.

Capilla de la Virgen de las Angustias (17): Se trata quizá del retablo más original y extraño de todos, y también uno de los más bellos. Realizado todo en mármol de Lanjarón, en pleno apogeo del Barroco andaluz; es obra de José de Bada y las esculturas de Agustín Vera Moreno. La característica más notable de este altar estriba en la falta de elementos ajenos que lo sustenten, tales como piedra, madera o bronce.

El centro lo ocupa una imagen en mármol blanco de "Nuestra Señora de las Angustias", patrona de Granada. Las figuras que hay en los nichos laterales, hechas en mármol blanco y doradas, son los santos obispos "San Gregorio", "San Pedro Pascual", "San Nicolás de Bari" y "Santo Tomás de Villanueva". Cabría destacar también el medallón que hay en la parte superior, que

[4]Estilo de ornamentación de un recargamiento exagerado empleado por el arquitecto y escultor barroco de finales del siglo XVII José de Churriguera, que contó con numerosos imitadores en la arquitectura española del siglo XVIII.

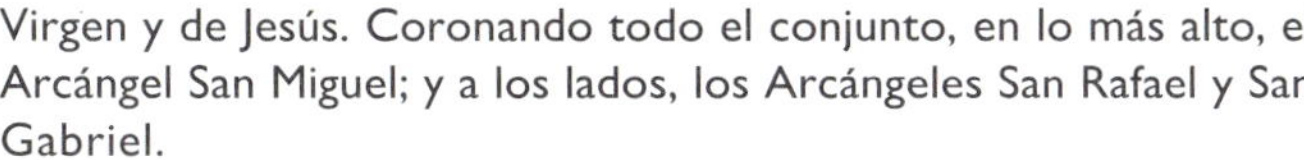

Izquierda:
Retablo de la Virgen de la Antigua, de estilo barroco.

Derecha:
Virgen de la Antigua, de estilo gótico. Ocupa el centro del retablo.

Virgen y de Jesús. Coronando todo el conjunto, en lo más alto, el Arcángel San Miguel; y a los lados, los Arcángeles San Rafael y San Gabriel.

A ambos lados del altar, en las paredes, cobijados por arcos, figuran dos retratos orantes de los Reyes Católicos, obra de Francisco Alonso Argüello.

Las capillas de la Girola: La Girola, llamada también "deambulatorio" (porque era el lugar por el que deambulaban y se alojaban los peregrinos en la iglesias románicas), es semicircular y tiene la peculiaridad que desde cualquier lugar de la misma se puede divisar el Altar Mayor, de manera que todos los fieles que allí se albergaran pudieran seguir la misa. En ella encontraremos una importante *colección de libros de coro* de la época de los Reyes Católicos, y otra colección de veintidós vidrieras realizadas en el siglo XVI. Los altares o capillas que la integran serían los siguientes: **Santa Lucía (20),** con retablos de Gaspar Guerrero y la imagen de esta Santa en el centro; **Cristo de las Penas (21),** que recibe este nombre del "Calvario" que la preside, obra del siglo XVI; **Santa Teresa (22),** con retablo también de Gaspar Guerrero, dedicado a Santa Teresa, cuya imagen ocupa el centro; **San Blas (23),** presidida por una escultura de este santo, al parecer del taller de Alonso de Mena; **San Cecilio (24),** dedicada al patrón de Granada (San Cecilio), de estilo neoclásico, con tres retablos en mármol blanco; **San Sebastián (25),** al que da título un cuadro del martirio de este santo, de Juan de Sevilla; **Santa Ana (26),** cuyo elemento más significativo es una escultura de "Santa Ana, la Virgen y el Niño", obra de Diego Pesquera, a la que acompañan cuadros representativos de la vida de la Virgen pintados por Pedro de Raxis. El hueco inmediato a esta última capilla, que concluye nuestro recorrido, es la **Puerta del Ecce Homo (27).**

La Capilla Real

Los Reyes Católicos ordenaron construir una capilla en Granada para que en ella fueran sepultados sus restos mortales. Una muestra más de amor por esta ciudad y de la importancia que tendría en los nuevos tiempos.

Página anterior:
Exterior de la Capilla Real

Superior:
Detalle de una de las cresterías de la fachada exterior.

Los Reyes Católicos, don Fernando II de Aragón y doña Isabel I de Castilla, mandaron construir una Capilla bajo advocación de San Juan Bautista y San Juan Evangelista, junto a la Capilla Mayor de la Catedral de Granada, para que en ella fueran sepultados sus restos mortales, por una Cédula Real fechada el 13 de septiembre de 1504. Sin embargo, la reina Isabel muere ese mismo año en Medina del Campo, con lo que es el rey Fernando el que continúa la dirección del proyecto hasta su muerte, en 1516.

La primera parte de las obras, que sería la de la construcción del edificio en estilo gótico (1505-1517), lo realiza casi por completo el rey Fernando. Tras la muerte del Rey toma las riendas de la terminación de la Capilla el nieto de los Reyes Católicos, el rey Carlos I (1517-1556), más conocido como Carlos V. Como cuando mueren los Reyes, la Capilla no estaba aún terminada, los cuerpos son enterrados en el hoy Parador de San Francisco, en la Alhambra, donde aún se conserva la losa con inscripción del enterramiento y posterior traslado de los cuerpos, en el año de 1521.

La terminación de las obras, el revestimiento y ennoblecimiento, ya en estilo renacentista, lo realizó por tanto Carlos V. Aunque, por su sencillez y austeridad, a este Rey no le gustó en principio este edificio como lugar de enterramiento de sus abuelos, incluso llegó a afirmar que parecía más la tumba de unos mercaderes. No obstante, se mantuvo en la voluntad de sus abuelos y la continuó, haciendo además que los restos de su esposa (la emperatriz Isabel) y de su padre (el rey Felipe I "El Hermoso") fueran traídos aquí. Igualmente mandó traer a otros miembros de la Familia Real.

En el reinado de Felipe II hubo presiones para que la Capilla Real fuera anexionada a la Catedral y que los restos de los reyes pasasen a esta última. El Rey decidió dejar las cosas como estaban. Mantuvo la protección a la Capilla, pero en su reinado ésta perdió auge. Desde entonces sería el Monasterio del Escorial el lugar donde se enterrarán los reyes españoles. Felipe II trasladaría al Escorial los restos de su madre, hermanos y esposa, que reposaban en la Capilla; aunque traería los de su abuela, la reina Juana "La Loca".

Pero, ¿por qué eligen los Reyes Católicos su tumba en Granada y no en sus ciudades natales, o en las catedrales de Toledo, Burgos o León? Es un hecho indiscutible que al tomar Granada a los musulmanes, el 2 de enero de 1492, los Reyes terminaron el proceso de la Reconquista. Por eso quisieron engrandecer y mimar a Granada, para demostrar la victoria del cristianismo sobre el Islam, emprendiendo grandes cons-

Derecha superior: *Vista exterior de la Capilla Real, en la calle oficios, con la Lonja de Mercaderes al fondo.*

Derecha inferior: *Parte de la fachada exterior y portada de la Capilla Real.*

trucciones que ennoblecieran la ciudad y afianzaran su importancia en los nuevos tiempos. ¿No son suficientes razones para hacer aquí un Panteón Real?

LA FACHADA EXTERIOR

En la portada se distinguen claramente la parte superior y la inferior. La superior, en estilo renacentista, es anterior; fue hecha en 1527 por el cantero Juan García de Pradas. En ella destacan tres nichos: en el central, la Virgen con el Niño, en los laterales, los dos Juanes (Bautista y Evangelista); abajo, el escudo imperial con el águila bicéfala. La parte inferior de la portada no es la original, la rehizo Juan de Aranda en el siglo XVIII. Lo más llamativo de sus muros exteriores está en la parte alta, de estilo gótico "flamígero", con "cresterías" que nos recuerdan las llamas, de donde viene el nombre "flamígero" (del latín "flammiger", que arroja o despide llamas). Bajo las cresterías hay ventanas ojivales y bajo el segundo cuerpo de cresterías hay un friso que como una cenefa recorre toda la fachada con las iniciales F-Y, que pertenecen a Fernando e Ysabel. Bajo el friso, unas llamativas gárgolas. Sobre la única ventana de la fachada se encuentra el escudo de armas de los Reyes, con los símbolos que adoptaron en su reinado: El yugo y las flechas. "El yugo" representa la igualdad del Rey y la Reina; como dos bueyes que tiran conjuntamente del carro. "Las flechas", entrecruzadas entre sí, simbolizan la unión de los diferentes Reinos de España.

A la izquierda de la fachada de la capilla, y formando ángulo recto con la misma, se encuentra la **Lonja de Mercaderes,** construida a partir de 1518 en estilo gótico. Es un espacio adosado a la iglesia, pero independiente de la misma que se construyó para uso de los comerciantes de la ciudad. La fachada de este edificio, en estilo plateresco, es igualmente obra de Pradas. En esta lonja está el despacho de billetes y la entrada al monumento.

Los Reyes Católicos, artífices de la unidad de los Reinos de España

Superior:
Esculturas orantes de Isabel I de Castilla y Fernando II de Aragón. Son obra Felipe de Bigarny.

Antes de la llegada al trono de Isabel y Fernando, el territorio que hoy configura España estaba dividido en cuatro Reinos independientes: *Castilla, Aragón, Navarra y Granada.* Los reinos de la Corona de Castilla y la Corona de Aragón ocupaban juntos casi el ochenta por ciento del territorio; el Reino de Navarra, era el más pequeño y menos poblado de todos; y el *Reino de Granada,* último territorio en poder de los musulmanes que quedaba en la Península, el más deseado.

Isabel I de Castilla y Fernando II de Aragón, no sólo consiguieron la unidad de España bajo el dominio de una única monarquía reinante, sino que, merced unas veces a su política diplomática y matrimonial (casaron a sus hijos con herederos al trono de las principales Casas Reales de Europa) y otras, a las victorias militares, extendieron sus dominios fuera de las fronteras españolas. Además de que en su reinado y bajo su bandera se produjo el Descubrimiento de América, con la incorporación a su corona, de todos los territorios en los que Colón iba desembarcando.

Hay dos acontecimientos que marcaron las vidas y la acción política de Isabel y Fernando, y que fueron decisivos en la consecución de la unidad de los Reinos de España y en su nacimiento como Estado moderno: *Su matrimonio y la Conquista del Reino de Granada.*

EL MATRIMONIO DE ISABEL Y FERNANDO Y LA UNIÓN DE SUS RESPECTIVAS CORONAS (CASTILLA Y ARAGÓN)

Hasta 1469, fecha en que se celebra su matrimonio, Isabel y Fernando tuvieron que superar un sinfín de dificultades, no exentas de una historia romántica y hasta novelesca. Para empezar, eran primos segundos, por lo que para poder casarse necesitaban obtener previamente una bula pontificia. Por otro lado, Isabel tenía varios pretendientes a su mano, mucho más importantes que Fernando a los ojos de los nobles castellanos: El rey Alfonso de Portugal, el duque de Guyena, hermano del Rey de Francia, y el duque de Gloucester, hermano del Rey de Inglaterra; además de algún otro más entre los españoles. Y por último, Fernando no era querido por los nobles castellanos, al ser vetado por el hermano de Isabel, Enrique IV "El Impotente", a la sazón Rey de Castilla, y por el todopoderoso marqués de Villena.

¿Qué hacer ante tamaños problemas? Fernando contaba con la ayuda de su padre, Juan II de Aragón, y de su abuelo materno, don Fadrique Enríquez, almirante de Castilla. Pero además, atrajo hacia sí al temible arzobispo de Toledo, don Alonso Carrillo, que sería a la postre el artífice de su boda. Por lo pronto Juan II de Aragón, para dar más valor a su hijo ante Isabel y ante los nobles de Castilla, le nombra Rey de Sicilia; título con el que se casaría.

Era tal la oposición contra Fernando, que el malvado marqués de Villena trató incluso de secuestrar a Isabel, para casarla con Alfonso V de Portugal. Y al mismo tiempo, trató de impedir con la fuerza militar la entrada de Fernando en Castilla, donde iba a conocer a Isabel, con

monográfico

la que parece ser ya se carteaba. Ante tamaña oposición Fernando utilizó su ingenio, entrando en Castilla disfrazado como un "mozo de mulas" y sin más séquito que cuatro amigos. Por fin así pudo producirse el encuentro entre ambos jóvenes, que prendados el uno del otro, se comprometieron para el matrimonio.

Quedaba por resolver el problema del parentesco entre ambos, que hacía que necesitaran de una "bula", que, como no la hubiera entonces, hizo que el propio Fernando y su padre Juan II, se confabularan con el Arzobispo Alonso Carrillo, haciendo una bula falsa, bajo cuya dispensa, por fin pudo celebrarse la boda, el diecinueve de diciembre de 1469. La bula auténtica fue dada por el Papa Sixto IV en 1471, dos años después de la boda. Con este matrimonio se producía, al fin, la unidad de la Corona de Castilla y la Corona de Aragón, que por la extensión de sus reinados ocupaban la mayor parte de lo que hoy es España. No obstante, todavía faltaban el pequeño Reino de Navarra, y el más preciado de todos, el Reino Nazarita de Granada.

LA CONQUISTA DEL REINO NAZARITA DE GRANADA (1481-1492)

Isabel y Fernando, a pesar de la ajetreada vida política y militar que les tocó vivir, que les mantenía ocupados todo el tiempo, nunca apartaron su pensamiento de Granada; por lo que, tan pronto solucionaron otros frentes hostiles de su política internacional, volvieron los ojos hacia Granada. Les valió como excusa para iniciar la guerra, que el Rey de Granada, Muley Hacen, se había negado a pagarles los ciento cincuenta mil maravedíes que tenía estipulados como tributo y que éste había iniciado las hostilidades, tomando por sorpresa la ciudad de Zahara (Cádiz), en 1481. Supieron aprovecharse también los astutos Reyes castellanos de las luchas de poder e intrigas, que entonces había en la corte granadina, entre el rey Muley Hacen, su hijo (Boabdil) y su hermano (el Zagal).

Iniciaron los Reyes Católicos una primera ofensiva como respuesta a la afrenta de Muley Hacen, tomando en 1482 la importante ciudad de Alhama, en la frontera del reino granadino. En la Batalla de Lucena hacen prisionero a Boabdil y, aunque luego lo liberan, será a cambio de que éste se proclame vasallo y aliado de Castilla. Poco a poco las ciudades más importantes del reino irán cayendo en poder de Fernando e Isabel: Ronda en 1485, Loja en 1486, Vélez Málaga y Málaga en 1487. Entre 1488 y 1489, Huéscar, Vélez Blanco, Vélez Rubio, Baza, Guadix y Almería.

Tras estas conquistas, Granada quedó prácticamente aislada y los Reyes Católicos en 1491 pidieron a Boabdil, que entonces era el que ocupaba el trono, que entregara la ciudad. Como el Rey moro se negó, los cristianos iniciaron el asedio. Establecieron su campamento en la Vega de Granada, pero un incendio provocado en la tienda de la Reina lo arrasó por completo. Los Reyes construyeron un segundo campamento, esta vez de piedra, al que llamaron "Santa Fe". Hoy es un pueblo a las afueras de la capital, en el que pueden apreciarse los restos de lo que fue aquel campamento real. Allí fue donde tuvo lugar la primera entrevista de Cristóbal Colón con los Reyes y donde se firmaron las "Capitulaciones". En virtud de ellas, los Reyes financiaban el viaje al Nuevo Mundo al navegante, pero a cambio, acrecentaron los límites de Castilla "mas allá de los mares".

Ante el cerco y estrangulamiento a que fue sometido, Boabdil finalmente terminó por aceptar la rendición de la ciudad el 2 de enero de 1492. Las condiciones de la rendición acordadas con Boabdil permitían al Rey nazarita reinar en un pequeño territorio de las Alpujarras, si lo deseaba. A sus súbditos les concedía ser juzgados según sus leyes y conservar el uso de su lengua, forma de vida, bienes y costumbres. Algunos años más tarde los Reyes adoptaron una postura no tan moderada: ¡o se convertían a la fe católica, o serían expulsados! Boabdil desde un principio decidió marcharse a África; salió al encuentro de los Reyes Católicos y su séquito, que lo esperan a orillas del río Genil y les entregó las llaves de la ciudad.

Isabel I de Castilla y Fernando II de Aragón habían conseguido extender su poder soberano a la práctica totalidad de los Reinos de España, pues sólo faltaba Navarra, que fue anexionada en 1512. Con la conquista del Reino Nazarita culminaron su sueño más deseado, y quizá por eso ahora sus cuerpos descansan para siempre en este lugar: "La Capilla Real de Granada".

monográfico

Superior:
Remate superior de la Reja Mayor, con escenas representativas de la vida de Jesús.

NAVE CENTRAL, CAPILLAS, REJA MAYOR Y CRUCERO

El interior de la Capilla es de estilo gótico isabelino con bóveda de nervios, rosetones dorados y capiteles hechos en filigrana. La planta es de una sola nave y de cruz latina. Una enorme reja separa la nave del crucero. La puerta trasera comunica con el Sagrario y es de estilo "plateresco", nombre que viene del tipo de adornos y manera de trabajar la plata que utilizaban los plateros del siglo XVI en España, que se aplica ahora en la ornamentación arquitectónica a la talla de la piedra.

En la parte superior y alrededor de toda la Capilla, corre una cenefa en azul celeste con letras góticas en oro, que relata la historia de la fundación y término de la Capilla, así como hechos históricos, conquistas de los Reyes Católicos y las fechas de la muerte de ambos. Bajo esta cenefa, el escudo de armas de los Reyes y el yugo y las flechas.

A cada lado de la nave hay dos capillas cerradas por primorosas rejas con el escudo imperial. La de la *izquierda,* al principio y bajo el coro, es **la Capilla de San Ildefonso.** Su reja podría atribuirse a Bartolomé de Jaén. Lo más destacable del interior: un retablo plateresco del siglo XVI, dos relieves que representan "la Creación de Eva" y la "Exaltación de la Santa Cruz", obra de Baltasar de Arce y un busto del "Ecce Homo", obra de Bernardo de Mora. A la izquierda hay una vitrina con cálices y objetos de culto. La capilla de la *derecha,* próxima al crucero, es **la Capilla de la Santa Cruz.** La reja es de un autor anónimo. El retablo es barroco, realizado por Blas Moreno en 1752. Los dos bustos sobre el Altar, una "Dolorosa" y un "Ecce Homo", son obra de José Risueño. "La Inmaculada" del centro es una copia de otra de Alonso Cano. Frente a esta capilla, en el lado opuesto de la nave, está **la Puerta de la Catedral,** con dos bellas esculturas a cada lado: un "San Juan de Capistrano", obra de José de Mora y una "Santa Parentela" (la Virgen, sus padres, San José y el Niño), obra de Bernabé de Gaviria.

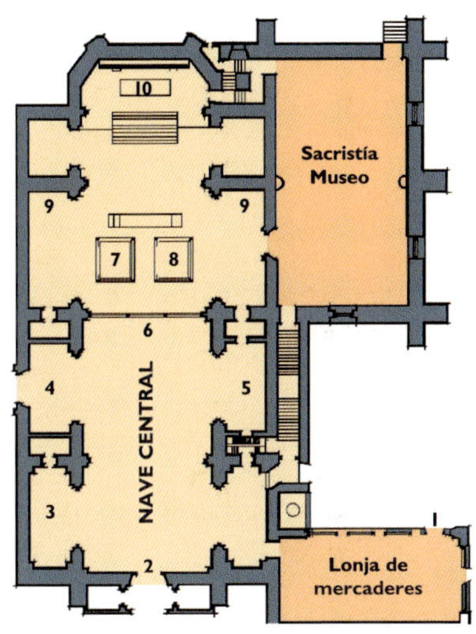

1.- Entrada. 2.- Puerta del Sagrario. 3.- Capilla de San Ildefonso. 4.- Puerta de la Catedral. 5.- Capilla de la Santa Cruz. 6.- Reja Mayor. 7.- Sepulcro del rey Felipe y la reina Juana. 8.- Sepulcro de los Reyes Católicos. 9.- Altares Relicarios. 10.- Capilla Mayor y Retablo Mayor.

En el centro, y separando la nave del crucero, está **la gran reja** de la Capilla, obra de Bartolomé de Jaén. Es de hierro forjado, con planchas repujadas, doradas a fuego y pintadas. Es exactamente igual por ambas caras, salvo el motivo relativo al "Tríptico del Gólgota", que tiene as y envés. Como si de un retablo se tratara, está estructurada en tres pisos o cuerpos, rematados por una especie de ático con figuras a modo de pequeñas esculturas y motivos vegetales. El motivo principal de la reja, el que ocupa el centro, es un escudo de los Reyes Católicos con el yugo y las flechas y el nudo gordiano a cada lado. En las columnas del segundo y tercer cuerpo, con capiteles corintios, hay un apostolado completo.

Como remate, en la parte superior, a modo de ático: en el centro, escenas representativas de la Pasión de Jesús; a la izquierda, el Bautismo de Jesús por San Juan Bautista y la decapitación de este santo; en el extremo derecho, el martirio de San Juan Evangelista. Sobre todas estas figuras, motivos vegetales y, coronando toda la reja, un tríptico de la Crucifixión de Jesús. Como dato curioso, en el lado izquierdo, sobre el primer capitel, figura la inscripción en latín: "maestre Bartolome me fecit" (el maestro Bartolomé me hizo).

Pasada la Reja, ya en el interior del crucero, los sepulcros de los Reyes Católicos y de los reyes Felipe y Juana; la puerta de la Sacristía-Museo y el Retablo Mayor. De todo ello haremos referencia a continuación, pero antes debemos hacer mención a dos altares barrocos que hay a cada lado del crucero.

Se trata de **Altares-Relicarios,** que tras sus puertas guardan reliquias de santos donadas a los Reyes Católicos por los Papas. Son obra de Alonso de Mena (1630). El de la *izquierda* presenta grabados en sus puertas relieves de la Inmaculada Concepción, San Juan Bautista, San Pedro y San Pablo; en la parte inferior, los Reyes Católicos, el rey Felipe "el Hermoso" y la reina Juana "La Loca". Los relieves que hay en el de la *derecha* representan a San Miguel, Santiago, San Felipe y San José con el Niño; abajo, el Emperador Carlos V y su esposa Isabel de Portugal, Felipe IV y su esposa Isabel de Borbón. Coronando estos retablos, en ambos lados, figuras representativas de las virtudes teologales.

Página anterior:
Vista general de la nave y la Reja Mayor de la Capilla Real.

Superior izquierda:
Escudo de los Reyes Católicos; motivo central de la Reja.

Superior derecha:
"Dolorosa", obra de Risueño en la Capilla de la Santa Cruz.

Inferior:
Altar-Relicario de la parte izquierda del crucero.

LOS SEPULCROS REALES

Antes de pasar a describir estos mausoleos reales, quizá sea conveniente conocer algo sobre las personas que descansan bajo su cripta. Sobre los Reyes Católicos, ya hay un monográfico expresamente dedicado a ellos en estas páginas, al cual nos remitimos. Sobre el rey Felipe y la reina Juana, padres del Emperador Carlos V, solamente aportar unas breves notas de su biografía:

Felipe I "El Hermoso" (1478-1506), archiduque de Austria, era hijo del emperador Maximiliano I de Austria y de María de Borgoña. Fue Rey consorte de España por su matrimonio con doña Juana "La Loca", hija de los Reyes Católicos.

Juana "La Loca" (1479-1555) era la segunda hija de los Reyes Católicos, reina de Castilla y Aragón. El apodo le viene porque, según la tradición, perdió la razón al morir su esposo, del que se hallaba profundamente enamorada. Hasta tal punto era su amor que se paseó con el cortejo fúnebre por toda Castilla esperando que Felipe despertase. En 1509 fue recluida en Tordesillas (Valladolid), donde permaneció hasta su muerte.

El sepulcro de los Reyes Católicos: Es el más bajo de los dos, el de la derecha según se entra. Lo hizo el florentino Domenico Alexandro Fancelli, que había hecho el sepulcro de don Diego Hurtado de Mendoza, arzobispo de Sevilla.

El conde de Tendilla se entrevista con Fancelli y le encarga el sepulcro real. Lo hace en Génova y lo termina en el 1517. Es de mármol de Carrara. De planta cuadrangular, tiene en su forma el antecedente del sepulcro del Papa Sixto IV, de Pollaiolo. A la derecha está el rey don Fernando y a la izquierda la reina Isabel, cuya cabeza descansa más baja sobre la almohada.

Inferior:
Vista general de los sepulcros con la Reja al fondo.

Por este motivo la leyenda popular dice que "la Reina era más inteligente que el Rey, y por eso la cabeza le pesaba más". Debemos hacer honor a la verdad y recordar que el Rey fue quizá el gobernante más inteligente y hábil de su época, un auténtico político, que sirvió de modelo a Maquiavelo para escribir su libro "El Príncipe".

El sepulcro se decora con figuras de los cuatro primeros Santos Padres, o Doctores de la Iglesia, en sus esquinas superiores (San Ambrosio, San Agustín, San Gregorio y San Jerónimo). En el centro de la cabecera y laterales figura el escudo de los Reyes, y a los pies, un león y una leona (símbolos de realeza e igualdad), y una cartela con leyenda en latín que nos dice que "allí yacen los Reyes que expulsaron a los mahometanos, infieles, etc.". En la parte inferior, medallones con escenas de la vida de Jesús, San Jorge, Santiago y esculturas en relieve de los doce apóstoles. En las esquinas inferiores, figuras con cabeza de águila y cuerpo de león (grifos).

El sepulcro de doña Juana y don Felipe: Es el más alto, a la izquierda según se entra. Hecho por Bartolomé Ordóñez, burgalés que trabajó en Nápoles, es de un estilo más elevado que el anterior. Se contrató en 1519. En las esquinas superiores las figuras de San Juan Evangelista y San Miguel, San Juan Bautista y San Andrés. En los laterales y cabecera, escudos de armas de España y Austria. En los pies, también el león y la leona. En la parte inferior, medallones con escenas de la vida de Jesús y representaciones de las virtudes. En las esquinas inferiores, figuras simbólicas, la mitad superior humana y la inferior animal.

Rodeando este sepulcro bajamos por una escalera a **la cripta,** donde yacen los cuerpos en cajas de plomo. En el centro los Reyes Católicos, a un lado don

De izquierda a derecha:

1.- San Andrés; al fondo el sepulcro de Isabel y Fernando.
2.- San Gregorio.
3.- San Juan Evangelista.
4.- Sepulcro de don Felipe y doña Juana.

De izquierda a derecha:
- Sátiro y niño. - San Miguel.
- El Rey Fernando. - Ángel portador de uno de los escudos. - Figura mitológica.

Felipe y doña Juana, y al otro, el infante Miguel de Portugal (hijo del rey don Manuel de Portugal y de doña Isabel, princesa de Asturias, hija mayor de los Reyes Católicos), y que murió en Granada a los dos años de edad.

EL RETABLO MAYOR

Elevado sobre una escalinata con pasamanos de mármol de Macael, que lo realza haciéndole parecer más alto de lo que es, es obra del maestro Felipe de Bigarny, artista francés originario de Borgoña (Francia) y uno de los precursores del Renacimiento en España. Lo realizó entre 1520 y 1522 y está hecho en madera policromada, en estilo plateresco.

Superior:
Escena de la Pasión de Jesús, en el tercer cuerpo del Retablo.

Inferior:
Retablo Mayor de la Capilla Real.

Aquí se rompe el clásico miniaturismo del retablo español, que imperó hasta el siglo XVI. Las figuras toman talla normal, lo que está influenciado por el auge de la figura del hombre en el Renacimiento. No hay duda tampoco de la influencia de la obra de Miguel Ángel en este grupo escultórico, y de Alonso de Berruguete, que estaba entonces en Granada y que bien hubiera podido trabajar también en él.

La parte inferior se halla repleta de bajorrelieves que representan escenas de la Conquista de Granada, marcha de Boabdil y bautismo de moros tras la Conquista.

En el primer cuerpo se hallan figuras que representan el Bautismo de Jesús, la Adoración de los Reyes (centro) y San Juan Evangelista en Patmos.

El segundo cuerpo está dedicado por entero a los Santos Patrones de esta Iglesia. Los dos Juanes (Evangelista y Bautista). En el centro las figuras de ambos; a la izquierda la decapitación del Bautista tras la petición de Salomé, que sostiene la bandeja; a la derecha la escena del martirio del Evangelista, hervido en el calderón bajo el reinado de Domiciano, del que milagrosamente salió vivo.

En el tercer cuerpo se reflejan escenas de la Pasión y Muerte de Jesús, destacando sobre todo el gran Crucificado que ocupa el centro, que es el eje principal y preside todo el conjunto. En el ático, y como remate, la figura de

Dios Padre y la paloma, símbolo del Espíritu Santo. (Los tres: Hijo Crucificado, Espíritu Santo y Dios Padre, representan el Misterio de la Santísima Trinidad). Sobre la cornisa de este tercer cuerpo, a cada lado, la Virgen María y San Gabriel, que representarían el Misterio de la Encarnación.

En las calles de los extremos, y dentro de casetones, figuras de Apóstoles y Doctores de la Iglesia. Todo el conjunto está decorado con guirnaldas, racimos, angelillos y granadas en color blanco y dorado, apuntes ya del próximo estilo en venir: el Barroco español.

El Sagrario es obra moderna del gran tallista granadino Domingo Sánchez Mesa. Abajo, en uno y otro lado, las estatuas orantes de los Reyes Católicos, obra de Diego de Siloé.

En toda la página:

Bajorrelieves de la parte inferior del Altar con escenas de bautismo de moros, la Conquista de Granada y marcha de Boabdil.

Izquierda:
Vista general de la Sacristía. Está estructurada en dos espacios, el primero para las piezas de orfebrería y los tejidos; el segundo para la importante colección de pintura de la reina Isabel.

Inferior:
Cetro de la reina Isabel y espada de ceremonia del rey Fernando.

Corona de la reina Isabel

Joyero de la reina Isabel, en plata dorada con dibujos góticos.

LA SACRISTÍA-MUSEO

La portada que le da acceso, en estilo gótico, es obra de Jacobo Florentino, al igual que la Anunciación que hay sobre ella. El interior está dividido en dos espacios, en el primero encontraremos piezas de orfebrería y tejidos, en el segundo la importante colección de cuadros de la Capilla, propiedad de la reina Isabel.

Las piezas de orfebrería son en su mayoría objetos personales de los Reyes, como el legendario joyero de la reina Isabel, en plata dorada con dibujos góticos, o el misal de la Reina, con su estuche de plata. En una urna, en el centro, el cetro de la Reina, su corona y la espada de ceremonia del rey Fernando. También hay numerosos utensilios religiosos como una cruz de altar, portapaces, cálices y una custodia, hecha con lo que fue un espejo de la reina Isabel.

Entre **los tejidos** hay frontales de altar, una casulla del terno conocido "el chapao" o del Rey Católico, un terno de casullas negras, que fueron las que acompañaron a la esposa de Carlos V en su viaje de Toledo a Granada para ser enterrada en la Capilla Real. También están los pendones y guiones que portaron las tropas cristianas en la entrada a Granada en 1492.

La segunda parte de la estancia está dedicada a la importante **colección de pintura.** La reina Isabel la Católica dejó escrito en su testamento que a su muerte fuese trasladada a Granada su colección particular de pintura, para que con ella se decorase la capilla que mandó construir para su enterramiento. Estas tablas (se trata de cuadros pintados sobre madera) son el gran tesoro de la Sacristía y constituyen una colección única en Europa, por su variedad y su extraordinario valor histórico, artístico y sentimental.

La obra mayor que hay aquí es un retablo, "Tríptico de la Pasión". El retablo es obra de Jacobo Florentino y las pinturas centrales *(Crucifixión, Descendimiento y Resurrección)* pertenecen a Dieric Bouts. Las otras pinturas que lo componen, arriba y abajo, son obra de Jacobo Florentino y Pedro Machuca. A cada lado del retablo, estatuas orantes de Fernando e Isabel, obra de Bigarny.

La mayor parte de las tablas pertenecen a la escuela flamenca, y entre ellas caben destacar: dos cuadros de Rogier Van der Weyden (1400-1464), "La Natividad" y "La Piedad", que forman parte de un tríptico. El tercer cuadro de este tríptico, "Aparición de Cristo a su Madre", se halla en el Metropolitan Museum, en Nueva York.

Otro gran artista de esta escuela presente aquí es el alemán Hans Memling (1430-1494), con el díptico "El Descendimiento de la Cruz" y "Llanto de las Santas Mujeres". También son de este autor "Virgen con el Niño en el

Superior:
"San Juan Bautista".
Autor: Jan Provost.

"Virgen con el Niño sentada acompañada por cuatro ángeles".
Autor: Dieric Bouts.

Izquierda:
Retablo del "Tríptico de la Pasión", que preside la colección de pintura de esta sacristía. Las estatuas orantes de los Reyes son obra de Bigarny.

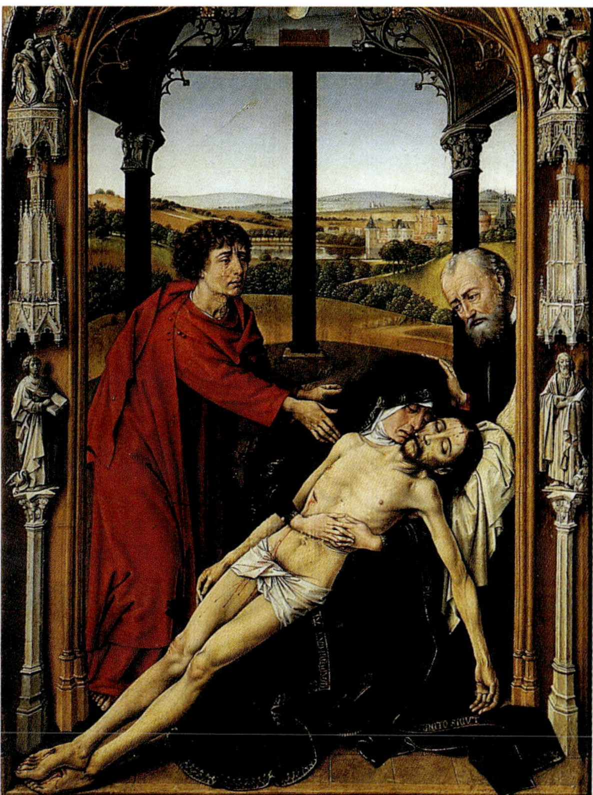

Superior:
"Busto de Cristo". Autor anónimo.

Derecha (arriba y abajo):
"La Natividad" y "La Piedad".
Ambas pinturas forman parte del "Tríptico de la Virgen", de Rogier Van der Weyden. El tercer cuadro de este tríptico, "Aparición de Cristo a su Madre", está en el Metropolitan Museum.

trono" y " La Virgen con el Cristo de Piedad".

Dieric Bouts (1410-1475), holandés y discípulo de Van der Weyden, tiene aquí además del gran retablo "Tríptico de Pasión", ya referido y que preside la sala, el cuadro "Virgen con el Niño, sentada y acompañada por cuatro Ángeles". Hay otro cuadro, "Busto de Cristo", habitualmente atribuido a Deric Bouts, considerado por otros investigadores como de algún autor anónimo seguidor suyo.

Hay también un gran número de tablas de autores anónimos, contemporáneos de los anteriores: "San Juan Bautista", "San Miguel", "San Jerónimo Penitente", "Virgen con el Niño y dos ángeles", y otros más. De entre ellos, merece especial mención una "Anunciación" atribuída a Antonio Alemán.

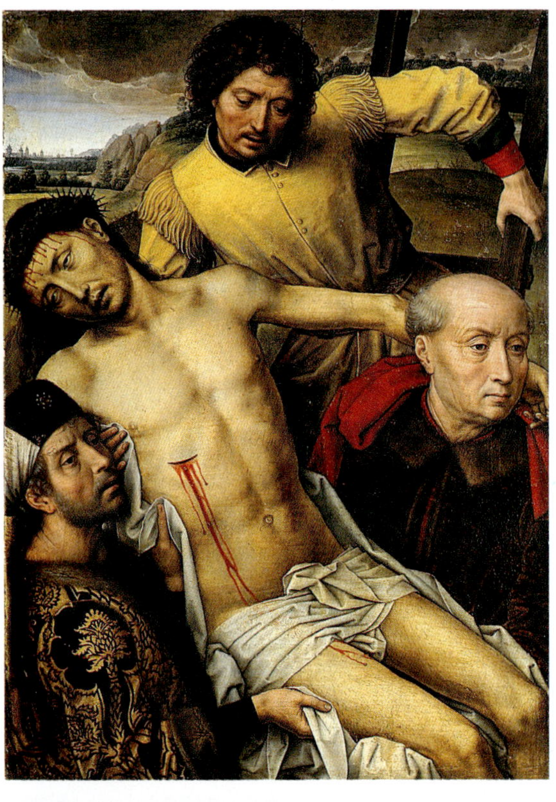

Superior:
"Virgen con el Niño en el trono", de Hans Memling.

Izquierda (arriba y abajo):
"Descendimiento de la Cruz"
y "Llanto de las Santas Mujeres".
Ambas tablas forman parte de un díptico
y son obra de Hans Memling.

De la escuela italiana cabe destacar a Pietro Perugino (1445-1523), maestro de Rafael, con su "Ecce Homo"; y a Sandro Botticelli (1444-1510) con su "Oración del Huerto".

La Escuela Española está representada por Pedro Berruguete con "San Juan Evangelista en Patmos" y Bartolomé Bermejo con dos pinturas en el anverso y reverso de una tabla, "Epifanía" y "Santa Faz". Este cuadro era muy querido por la reina Isabel, que siempre lo llevaba consigo en sus viajes.

Algunas de las pinturas, junto con el Archivo, donde se conservan unos ciento cuarenta manuscritos de la biblioteca de la Reina, bulas y cédulas reales, fueron expoliadas por Felipe II, para enriquecer el Monasterio del Escorial y el Archivo de Simancas.

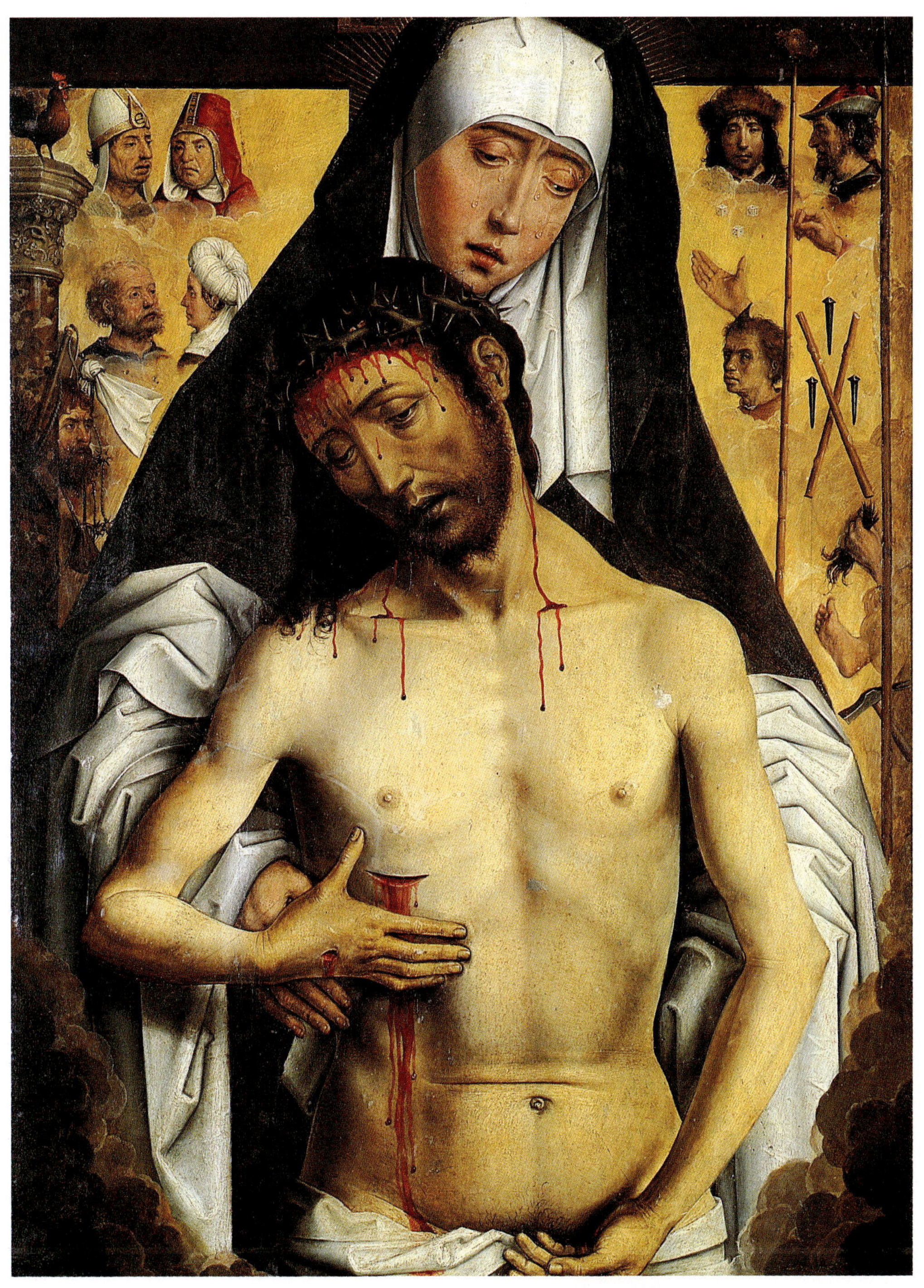

"La Virgen con el Cristo de la Piedad". Autor: Hans Memling.

Otros monumentos de interés

Vienen ahora a estas páginas tres monumentos, muy próximos entre ellos, que acrecientan aún más el enorme interés histórico y monumental de esta zona.

La Iglesia del Sagrario

Está situada en el lugar que antaño ocupaba la Mezquita Mayor de Granada. La antigua Mezquita fue construida a principios del siglo XI y su aspecto era en un principio el de una edificación sencilla y pobre. Posteriormente fue reformada y enriquecida en su decoración y materiales, llegando a ser uno de los edificios más ricos y emblemáticos de la Granada musulmana. Tenía ciento cuarenta por ciento diez metros de medida, con un patio de naranjos y un minarete de trece metros de altura. Ya en época cristiana (año 1501), en la Mezquita se instaló una parroquia bajo la advocación de Santa María de la O. En 1704 se demolió lo que quedaba de la Mezquita, que en los años anteriores llevaba soportados muchos derribos y modificaciones. Las obras de la actual iglesia se iniciaron en 1705, bajo la dirección de Francisco Hurtado Izquierdo. Éstas fueron paralizadas por falta de recursos e iniciadas de nuevo en 1717, bajo la dirección de José de Bada. El nuevo templo se abrió al culto el 29 de septiembre de 1759.

La portada principal, de mármol de Sierra Elvira, está formada por dos cuerpos, con columnas corintias a cada lado. En el cuerpo superior, sobre el arco de la puerta, esculturas de San Pedro, San Ibón y San Juan Nepomuceno, obra de Agustín Vera Moreno.

La planta es de cruz griega, inscrita en un cuadrado. Una gran cúpula central, de media naranja, cubre el tramo de en medio, circunscribiendo la cúpula, las cubiertas de los cuatro tramos laterales. Quizá sea este juego de geometrías y formas, que se aprecia al levantar la vista y contemplar su techumbre, lo que más llame la atención de este singular templo. En las cuatro grandes pilastras que sostienen la cúpula, hay abiertos huecos con adornos barrocos y esculturas de los cuatro evangelistas en su interior, labradas por Vera Moreno. Todo el interior de la iglesia tiene un color predominante, el de la piedra, tan en boga en el periodo neoclásico.

El centro del Altar Mayor lo ocupa un tabernáculo de mármol, obra de José de Bada. Las pequeñas figuras que lo adornan representan a los Santos Padres y coronándolo, la figura de la Fe. Detrás del tabernáculo, en el centro del ábside, hay un retablo barroco con la

imagen de San Pedro; a cada lado, sobre las puertas que comunican con la Sacristía, esculturas en mármol de los arcángeles San Miguel y San Rafael. En la parte superior del ábside, un gran cuadro de "San José y el Niño" y a los lados, las figuras en mármol de San Joaquín y Santa Ana. Todas estas esculturas de mármol son de Tomás Valero.

De las capillas laterales, la más significativa acaso sea, por su simbolismo histórico, la dedicada, en recuerdo de su hazaña, a Hernán Pérez del Pulgar, quien la noche del 18 de diciembre de 1490, estando Granada todavía dominada por los musulmanes, se introdujo en el corazón de la ciudad, clavando una daga con un pergamino en la puerta principal de su Mezquita Mayor. El pergamino contenía las palabras "Ave María" y hacía constar que, desde ese momento y en honor a la Virgen, la Mezquita quedaba tomada para la cristiandad (al menos simbólicamente). El propio Pérez del Pulgar se encuentra enterrado en esta capilla, situada hoy en el lugar donde antaño ocurrió esta acción. La reja, con el escudo de Carlos V, es de Bartolomé de Jaén (1526).

Página anterior:
Fachada de la Iglesia del Sagrario e interior de la Iglesia.

Superior:
Detalle del techo de la Iglesia.

En esta iglesia están enterrados ilustres personajes, como los infantes don Pedro y don Alonso de Granada; Fray Hernando de Talavera, primer arzobispo de la ciudad; doña Ana de Santotis, primera esposa de Diego de Siloé y el arquitecto Ambrosio de Vico.

La Madraza o Ayuntamiento Viejo

Lo que se conserva de esta Madraza o Universidad árabe, edificada bajo el mandato de Yusuf I en 1349, es mínimo y muy restaurado. En ella se estudiaba Teología, Derecho, Medicina, Literatura y Matemáticas. Ésta, como era habitual en la mayoría de las madrazas musulmanas, tenía una gran portada, un patio central con alberca en medio y en torno al mismo, celdas para los estudiantes y salas de clase. El Oratorio solía estar también al fondo del patio central. Según las crónicas, la Madraza granadina tenía una enorme tradición, pues era la más antigua de la España musulmana, ubicada en su fundación en otro lugar, una finca real a las afueras de Granada.

Ya desde tiempos de los Reyes Católicos se emprendieron numerosas modificaciones, que terminaron con el derribo de casi todo el edificio y la construcción de otro, completamente nuevo. Lo que hoy podemos contemplar es un edificio de principios del siglo XVIII, con restos de dependencias de otras épocas. Lo más destacable, el **Salón de Caballeros Veinticuatro** (siglo XVI), con magnífico techo mudéjar, y el **Oratorio**. Merece también una mención expresa la *fachada,* por las pinturas ornamentales que la cubren que, con su juego de volúmenes y formas, hacen de ella una de las más curiosas del Barroco granadino. Desde que en 1729 se levantó el nuevo edificio, aquí estuvo ubicado el Ayuntamiento de Granada hasta 1851, fecha en que fue trasladado a su actual emplazamiento. Por eso, también es conocido este monumento como "Ayuntamiento Viejo".

Superior izquierda:
Cúpula del Oratorio de la Madraza.

Superior derecha:
Detalle del Mihrab, en el Oratorio.

Inferior:
Fachada del Palacio de la Madraza o Ayuntamiento Viejo.

La única muestra de arte musulmán de todo el conjunto está en su *Oratorio,* situado en el patio que hay a la entrada. No obstante, tampoco presenta su aspecto original; ya que los cristianos al transformarlo en capilla lo desvirtuaron casi en su totalidad. El que hoy contemplamos fue rehecho, casi por completo, en 1893. A pesar de todo, su indudable belleza y lo que representa, hacen de él uno de los lugares que mejor evocan el mágico pasado nazarita de esta ciudad.

El Corral del Carbón

En época musulmana este lugar era conocido como *Alhóndiga Gidida* o nueva, en los comienzos del siglo XIV. Se cree que tenía la doble función de almacén de mercancías y de fonda ("fondak"), en la que se hospedaban los mercaderes. Los musulmanes tenían un acentuado sentido de la hospitalidad, pero cuando un forastero no encontraba un lugar en casa de ningún familiar o amigo donde alojarse, lo hacía en el "fondak". Tras la conquista cristiana, los Reyes Católicos lo cedieron a un criado suyo y, tras su muerte sin herederos, el edificio fue subastado. Desde entonces hasta nuestros días ha tenido muy diversos usos. Fue utilizado por los que comerciaban con carbón como lugar de hospedaje, pues muy cerca de aquí se encontraba el lugar donde se pesaba esta mercancía. De ahí su actual nombre. Después pasó a ser corral de comedias en el que se representaban obras teatrales. En el siglo XVII era una casa de vecinos, hasta que por fin, en 1933 el Estado lo adquirió y emprendió su restauración, pues estaba muy deteriorado.

Lo mejor del edificio es su portada, muy rica en decoración, con un gran arco apuntado de herradura, que da acceso a un pequeño vestíbulo con bóveda de mocárabes y a la puerta de entrada, que es rectangular. Dos ventanas geminadas coronan arco y puerta, aportando movimiento al conjunto. En el interior hay un gran patio con pila en el centro, alrededor del cual corre una galería de varias alturas repleta de pequeñas habitaciones o aposentos.

Superior:
Fachada exterior del Corral del Carbón.

Izquierda:
Patio interior del Corral del Carbón.

DEL MONASTERIO DE

Cartuja AL DE San Jerónimo

INCLUYE TEXTOS MONOGRÁFICOS

Plano de la zona

1 MONASTERIO DE CARTUJA
PÁG. 178

2 HOSPITAL REAL
PÁG. 206

3 BASÍLICA DE SAN JUAN DE DIOS
PÁG. 208

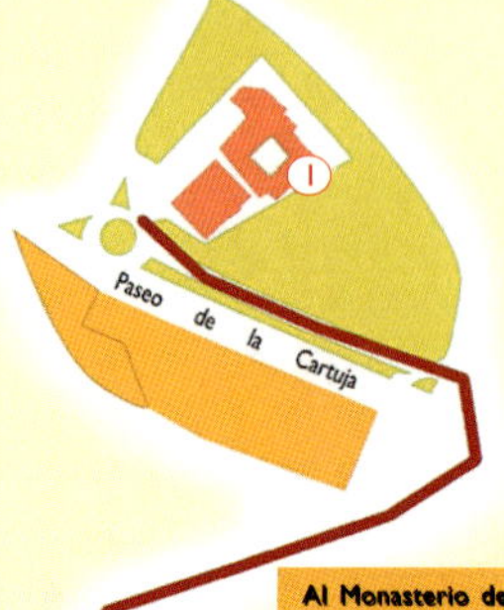

4 PLAZA DE LA UNIVERSIDAD
PÁG. 210

5 MONASTERIO DE SAN JERÓNIMO
PÁG. 194

MONUMENTOS PRINCIPALES

Aquéllos cuya fotografía ilustra el plano.

OTROS LUGARES A VISITAR:

INFORMACIÓN DE INTERÉS:

– Monasterio de Cartuja (número 1) y Monasterio de San Jerónimo (número 5) son los dos monumentos más importantes de este capítulo. Su visita es imprescindible.

INTRODUCCIÓN
y recorrido

El ansia por cristianizar una ciudad tantos siglos musulmana, hizo venir a Granada a las Órdenes Religiosas más importantes de aquella época, que construyeron en ella sus conventos y monasterios. Aquí se muestran los dos más importantes.

Superior:
Rincón en torno a la Plaza de la Universidad, con la cúpula de la Iglesia de San Justo y Pastor como fondo.

Granada es una ciudad repleta de antiguos conventos y monasterios; los dos que aquí se tratan, el de **Cartuja** y el de **San Jerónimo,** son sin duda los dos más valiosos; con unas iglesias, por su belleza y valor histórico-artístico, excepcionales.

Esta "ruta de los monasterios" bordea el centro de la ciudad por el noroeste y, salvo por el entorno del de *Cartuja,* transcurre en su mayor parte muy cerca de la zona de la Catedral. El hecho de que las "Cartujas" se edificaran siempre a las afueras de las ciudades, nos obliga a salir del centro de Granada. Pero, incluso así, la distancia entre los dos monumentos más lejanos delimitados en el plano de este capítulo, puede recorrerse a pie en veinte minutos. Se recomienda comenzar el recorrido por el *Monasterio de Cartuja* y terminar en el de *San Jerónimo,* en el extremo opuesto.

Dentro de este itinerario, y bajo el epígrafe **"otros monumentos de interés",** se proponen también: **El Hospital Real,** mandado construir por los Reyes Católicos como hospital refugio de enfermos y desvalidos y que actualmente alberga los servicios centrales de la Universidad de Granada; **la Iglesia de San Juan de Dios,** del siglo XVIII, de los templos más suntuosos del Barroco granadino; el enclave de **la Plaza de la Universidad,** donde se alzan **la Iglesia de San Justo y Pastor,** de los siglos XVI-XVII y la actual **Facultad de Derecho,** antigua Universidad Literaria, sede central de la Universidad desde 1769 a 1980.

Finalmente, si se dispone de tiempo, no se debe pasar de largo por algunos lugares y monumentos interesantes de esta zona, muy próximos unos de otros: **La Iglesia de San Ildefonso,** muy cerca del *Hospital Real,* antigua mezquita construida a extramuros de la ciudad para atender el barrio más extremo del Albaicín. **El Hospital de San Juan de Dios,** junto a la iglesia del mismo nombre, edificado y regentado por los Monjes Jerónimos en el siglo XVI y con posterioridad cedido a los hermanos de esta Orden hospitalaria. El patio que sigue al zaguán es bellísimo, así como la escalera, con su techo mudéjar. **La Iglesia del Perpetuo Socorro,** de los siglos XVII-XVIII, dedicada originariamente a San Felipe Neri. Posteriormente fue habilitada como iglesia de los Padres Redentoristas y puesta bajo la advocación del Perpetuo Socorro. **El Colegio Mayor de San Bartolomé y Santiago,** fundación universitaria del siglo XVII. Frente a él, **el Conservatorio de Música Victoria Eugenia,** antiguo palacio de los Marqueses de Caicedo, del siglo XVI. **El Colegio Notarial,** antiguo palacio de los señores Ansoti, del siglo XVII. Estos últimos edificios se encuentran en la "calle San Jerónimo", desde su enlace con la calle San Juan de Dios hasta la Plaza de la Universidad.

EL MONASTERIO DE

Cartuja

Pocos lugares en Granada causan tanta sorpresa al visitante, como la Iglesia y la Sacristía de este Monasterio.

Página anterior:
Puerta del Monasterio con la Iglesia al fondo.

Superior:
Detalle exterior de la Iglesia.

Inferior:
Detalle interior de la Sacristía.

Es curioso que este Monasterio se levantase en los terrenos de una finca de recreo árabe. Este "carmen" árabe se llamó *Aynadamar* o *Fuente de las Lágrimas,* y era de tal riqueza en agua y árboles frutales, que sorprendió a los conquistadores cristianos. El propio Gran Capitán, don Gonzalo Fernández de Córdoba, divisó por primera vez la ciudad de Granada desde esta hermosa finca de *Aynadamar,* y en ella también fue atacado por sorpresa por un grupo de moros, saliendo ileso de milagro. Por esta razón decidió que construiría en este lugar "una casa a Dios consagrada donde a todas horas fuese servido y adorado".

Mientras todo esto ocurría, la Comunidad de la Cartuja del Paular había adquirido el firme propósito de promover la construcción de una nueva Cartuja, dependiente de esta comunidad, pero sin tener ubicado un lugar determinado. Este proyecto terminó olvidándose, aunque pasados algunos años se volvió a iniciar, emprendiéndose la búsqueda de nuevos terrenos en Galicia, Castilla y León; incluso llegaron a iniciar excavaciones en Zamora, pero tampoco en este segundo intento consiguieron los monjes su propósito de construir el nuevo Monasterio.

Ante la dificultad por encontrar una ubicación definitiva, en 1506 el padre Juan Padilla, prior de la Cartuja de las Cuevas de Sevilla y Visitador de la Orden, se dirigió a Don Gonzalo Fernández de Córdoba y a su esposa para plantearle su demanda. El Gran Capitán no sólo le propuso hacer la Cartuja en terrenos de la finca de Aynadamar, sino que incluso se ofreció para hacerse cargo de las obras; con la idea inicial de hacer su enterramiento en este nuevo Monasterio. La donación de los terrenos se hizo en Loja en el año 1513. Varias vicisitudes interrumpieron los trabajos, entre ellos la muerte del Gran Capitán en 1515. No obstante, con anterioridad a su muerte, éste había mantenido algunos desacuerdos con los monjes, que le hicieron aban-

donar su idea inicial de ser enterrado aquí. Las obras se reanudaron de nuevo en 1519. En el año 1545 la Cartuja de Granada fue incorporada a la Orden, conociéndose desde entonces con el nombre de *Asunción de Nuestra Señora,* y nombrado como primer prior el Padre Rodrigo de Valdepeñas.

De todo el Monasterio, sólo nos queda *Claustrillo, Iglesia, Sagrario y Sacristía,* ya que el resto del mismo (claustro grande, celdas, talleres y cementerio) desapareció en su mayor parte en 1842, sufriendo los avatares de la invasión de las tropas francesas y la Desamortización (la Desamortización fue una expropiación decretada por el Estado en 1837 de los bienes de las Órdenes religiosas, que quedaron en manos de particulares en muchos casos). La Casa Prioral, que tenía un bello patio y pequeño jardín, también fue destruida en 1943. En la actualidad el Monasterio no pertenece a la Orden de los Cartujos, dependiendo directamente del Arzobispado y Diócesis de Granada.

La entrada al Monasterio se hace a través de una pequeña puerta plateresca, que hizo Juan García de Pradas en el año 1520. Desde ella podemos ver una doble escalinata de piedra, y en su rellano final, la fachada del la Iglesia; todo ello realizado por el cantero Cristóbal de Vílchez. En ella sobresalen dos elementos; el más significativo es la puerta, entre columnas de mármol de Sierra Elvira, con la estatua de su fundador, San Bruno, obra de Pedro Hermoso, en la parte superior. El otro elemento de la fachada es el escudo de España de la época borbónica. Una vez dentro, lo primero que recorreremos será el Claustro, después la Iglesia, el Santa Sanctorun y la Sacristía.

No obstante, antes de recorrer todas estas estancias, quizá sea muy útil detenerse y leer el monográfico que hay en estas páginas sobre San Bruno, fundador de la Orden, y el modo de vida de los monjes que antaño habitaron estos muros.

Superior:
Vista exterior del Monasterio.
En este lugar, en época nazarita, había una finca llamada "Aynadamar" o "Fuente de las Lágrimas".

San Bruno y el modo de vida de los Cartujos

La Orden de los Cartujos surge en torno a la figura de *San Bruno,* que nació en Colonia en 1027. Estudió en la escuela catedralicia de Reims, llegando a ser canciller y maestre de su catedral. No se sentía cómodo con la vida de la ciudad, ni con los escándalos que allí vivió, por lo que decidió dar un cambio de rumbo trasladándose a la región de Grenoble. Allí, su obispo, el futuro San Hugo, le proporciona un lugar en los Alpes franceses, a 1300 metros de altitud, para que con otros seis compañeros construyese un "ermitorio" (un lugar de retiro donde poder elevar el alma a Dios). El ermitorio consistía en un conjunto de cabañas de madera, en las que cada uno de ellos vivía en absoluta soledad, y que estaban abiertas a una especie de galería, en la que realizaban una parte de vida en común. Este lugar se encontraba en el valle de "Cartuja", del que tomará el nombre la Orden.

Pasados seis años, el Papa Urbano II requirió a Bruno como consejero; sin embargo, sólo estuvo unos meses en Roma, pues no le seducía lo más mínimo la vida de la corte pontificia. Llegó a rechazar el arzobispado de Reggio-Calabria, que le fue ofrecido por el Papa. Ante esta circunstancia, el propio Papa le propone que funde otro ermitorio en los bosques de Calabria, al sur de Italia. Bruno moriría en este nuevo ermitorio el seis de octubre de 1101. La Orden de los Cartujos nacerá oficialmente en el año 1140, durante el priorato de San Anselmo.

Superior:
Pequeña escultura de San Bruno, obra de José de Mora. Se encuentra en la Sacristía y está considerada como una de las mejores imágenes del Barroco español.

EL MODO DE VIDA DE LOS CARTUJOS

El fin principal de la vida del Cartujo es la "contemplación", y para conseguir este fin harán de la soledad la característica más importante de su vida. La comunidad estaba formada por *monjes,* que vi-

monográfico

vían una soledad más estricta y que sólo salían de su celda en determinadas ocasiones previstas; y por *legos*, cuya misión era servir a la comunidad y hacer las tareas rutinarias, por lo que pasaban más tiempo fuera de su celda. El periodo de espera hasta ser ordenados era largo, unos diecinueve años como novicio, donante o postulante. En época posterior el tiempo se redujo a once años, y hoy día a unos siete y medio.

Los monjes no salían de su celda más que para la liturgia diaria, para la comida del domingo y en contadas ocasiones en que tuvieran que reunirse a deliberar y tomar decisiones. La mayor parte de su vida transcurría en la celda; en ella rezaban, comían y hacían sus lecturas y tareas. Una vez al año salían todos a dar un gran paseo que duraba todo el día. Cuando los monjes tenían que deliberar se reunían en su Sala Capitular. Allí se daba cuenta de las defunciones y de las intenciones que le habían sido encomendadas, pero sin dar nombres. Cuando alguien quería ingresar en la Orden era aquí donde se discutía de la necesidad o no de la nueva entrada. A cada monje se le entregaba una habichuela blanca y una negra. Se hacía la votación, siempre secreta, metiendo la habichuela en una caja de madera: la blanca si el voto era afirmativo y la negra si era negativo.

No muy lejos de la Sala Capitular y de la entrada de la iglesia, existía en todas las cartujas la llamada "Tábula", que era un gran cuadro en el que se encontraban escritas todas las directrices respecto a las enseñanzas de los oficios y de la vida en comunidad. En este cuadro el monje leía las instrucciones concretas, sin tener que preguntar a nadie, cosa que prohibía la regla de "voto de silencio".

Los legos tenían la misión de asegurar con su trabajo los diferentes servicios de la comunidad: cocina, carpintería, jardinería... Por lo general cada uno tenía un trabajo manual y eran grandes artesanos. Se reunían en su propia Sala Capitular. Estaban encargados de llevar la comida a los monjes a sus celdas, excepto los domingo o fiestas especiales de la comunidad que se comía en el comedor o refrectorio. No podían dirigirse a un hermano, ni tampoco entrar en su celda, ya que estaba prohibido y los monjes se encargaban de limpiarla, dejando la ropa a lavar en la puerta, una vez por semana, para que los legos la recogieran. El lego podía dejarse barba, pero sólo se podía afeitar el día que señalase el calendario cartujano. Sin embargo, su régimen alimenticio era idéntico al de los monjes, sin distinción.

El Cartujo comía una sola comida completa al día, ya que por la noche solamente tomaba un trozo de pan y agua. Los viernes sólo comían pan y agua, y en su Cuaresma, que duraba desde mediados de septiembre hasta Pascua, no cenaban nada en absoluto. Tomar carne estaba prohibido de por vida, incluso si estaba prescrita médicamente. Cada monje podía tomar medio litro de vino al día (mitad vino mitad agua), salvo los viernes que sólo se tomaba en las comidas un jarro de agua y un trozo de pan, que se cambiaba a otro día si el viernes fuera festivo. También restringían de su dieta los productos lácteos en Adviento y Cuaresma.

Cuando la comida era en el refectorio (domingos y ocasiones especiales), había un lector que leía durante la comida oraciones y que comía sólo cuando ésta terminaba. Era también el encargado de repartir medio pan a cada monje al entrar al refectorio. Nadie podía reclamar nada para sí mismo, pero si a alguien le faltaba algo, sí podía hacerlo mediante una señal. El Padre General comía bajo la presidencia del Gran Crucifijo en una mesa sola. Monjes y legos comían en la misma estancia, pero separados por una rejilla de madera.

En relación con esta estricta dieta de los Cartujos y la prohibición de comer carne, se da la curiosa anécdota de que el Papa Urbano V, "el Beato" (1309-1370), quiso cambiar esta norma de no comer carne de por vida, por creer que podía resultar perjudicial para la salud de los Cartujos. Los monjes, que temían estos buenos propósitos papales, por creer que debilitarían su disciplina, enviaron una representación, a pie, para protestar ante Urbano V. La susodicha representación la formaban veintisiete monjes, cuyas edades oscilaban entre los 88 y los 95 años. El Papa abandonó inmediatamente la idea (¡sin comentarios!). Ref. Lockhart Robin Bruce/ "El camino de la Cartuja", pag. 119.

Izquierda:
Claustro del Monasterio.

Derecha:
Detalle de la fuente que hay en el centro del Claustro.

EL CLAUSTRO O "CLAUSTRILLO" Y SUS DEPENDENCIAS

Es el único que queda, ya que hubo dos. El mayor de ellos, alrededor del cual se hallaban las celdas, y en su centro el cementerio de la comunidad, desapareció. Allí se enterraba a los monjes siguiendo el ritual cartujano. Es decir, sin ataúd, sobre una tabla y con el sayo. Es por este motivo por el que al actual se le llama "claustrillo".

La planta es cuadrada, con columnas de estilo dórico, en piedra gris de Sierra Elvira. Servía de punto de reunión de los monjes, pues en él se hallan el *Refectorio, la Sala Capitular de los monjes, la Sala de Profundis y la Sala Capitular de los legos.* También servía para acceder a los servicios religiosos de la iglesia. Es la parte más antigua, anterior a la construcción de la iglesia, y conserva todas sus salas que son de estilo gótico. Su encanto es contagioso, y sus naranjos, rosales y plantas aromáticas, con su fuente en el centro, nos evocan más a un patio árabe o andaluz que a un convento de clausura.

La vida cotidiana del Cartujo se dividía en dos bloques: la vida solitaria (la mayor parte del tiempo), que transcurría en la intimidad de la celda, y la vida en comunidad, que se desarrollaba entre la iglesia y este claustro, incluidas las dependencias que lo rodean. (Debemos recordar las notas sobre el modo de vida de los cartujos cuando recorramos estas salas).

La primera dependencia que recorreremos es el **"refectorio"** o **comedor.** Sobre la puerta, como una invitación a olvidar los placeres gastronómicos, se halla en una bandeja la cabeza de Juan Bautista tras su decapitación. Los cuadros de esta estancia son de Sánchez Cotán. Debemos mencionar en primer lugar el que preside la sala, "La Santa

Izquierda:
Refectorio o comedor del Monasterio.

Derecha:
Detalle del cuadro de la Santa Cena, obra de Sánchez Cotán. Por estar prohibida la carne a los Cartujos, en el plato de Jesús, en vez de cordero hay un pescado, y los animales del primer término, en lugar de un hueso se disputan una raspa.

Cena", en el que llama la atención el maravilloso realismo de las ventanas. También es curioso en este cuadro el hecho de que, por estarles vedada la carne de por vida, en lugar del cordero en el plato de Jesús, Cotán pinta un pescado, mientras que el perro y el gato comen una raspa. La Cruz que hay sobre el cuadro, que parece hecha de madera, en realidad está pintada sobre el muro. Otros cuadros a resaltar son: el que representa "La Conversión de San Bruno a Cartujo", cuadro terrible en el que Raimundo de Diocres se despierta en medio de su funeral diciendo que estaba condenado al fuego eterno, cuando todos le creían un hombre santo; y "El sueño del obispo Hugo Grenoble", en el que siete estrellas, que representan a San Bruno y a sus seis compañeros (los primeros fundadores), se le aparecen en sueños. Estos compañeros fueron: Landuino, Esteban de Die, Esteban de Bourg y Hugo (religiosos); Andrés y Guerin (seglares). Convendría recordar la biografía que sobre San Bruno hay en estas páginas. El resto de los cuadros representan las persecuciones y ejecuciones de los monjes en Inglaterra, bajo Enrique VIII, y los Hugonotes, en Francia. Resaltamos de ellos el que representa a los caballos arrastrando a los monjes; en este cuadro, debido a un efecto óptico, los caballos parece que cambian de dirección dependiendo del lugar desde el que se mire.

La **Capilla "De Profundis".** Es la sala siguiente; en ella los monjes hacían penitencia y pedían perdón a Dios. Este nombre "De Profundis" viene del salmo 130 de David, en el que David clama piedad a Dios y se entrega a la penitencia. Es una estancia sencilla en la que sólo cabe destacar el altar pintado en relieve en la pared y el cuadro de San Pedro y San Pablo, todo ello obra de Fray Juan Sánchez Cotán, que lo firma en la espada de San Pablo: "Joannes Fecit". Importante el detalle de pintar el altar en relieve, pues el efecto es real, con lo que se sustituye el empleo de materiales caros en su construcción; pues en la parte dedicada a los Cartujos no hay ni un solo material noble, ya que éstos se reservan para la Gloria de Dios.

Fray Sánchez Cotán había nacido en Orgaz (Toledo) en 1560. Estuvo influenciado por Navarrete y el Greco, llegando a ser un gran especialista en naturaleza muerta o "bodegones", así como en temas religiosos. Fue el gran predecesor de Zurbarán. En 1603 marchó al Monasterio del Paular, haciéndose lego. En 1610-1612 vino a Granada, en donde se le conoció como el "Santo Fray Juan", dejando la gran colección de cuadros que se conservan en la Cartuja y en el Museo de Bellas Artes de Granada. Murió en esta ciudad en 1627.

A continuación, y bajo una puertecilla gótica entraremos en la **Sala Capitular de los legos,** donde se reunían éstos, que como sabemos, eran los encargados de servir a la comunidad.

Los cuadros que en ella se conservan son de Carducho. Al lado está la **Sala Capitular de los monjes;** en ella se reunían los monjes a deliberar y se pronunciaban los sermones. Los cuadros que se conservan son también obra de Vicente Carducho, del siglo XVII. Es de notar las condiciones acústicas de esta sala.

Izquierda:
Capilla "De Profundis", con el cuadro de San Pedro y San Pablo y el altar pintado en relieve, obras de Sánchez Cotán.

Derecha:
Visión del Beato Ford, en la Sala Capitular de los monjes, obra de Vicente Carducho.

LA IGLESIA

Trazada en estilo barroco, hacia 1662, está dividida en tres partes bien definidas: *La primera,* desde la puerta principal hasta la cancela, era la destinada a los fieles; sobre la puerta se encuentra el emblema de la orden (las siete estrellas alegóricas a San Bruno y sus seis compañeros, cuando se retiraron a vivir al lugar llamado "La Cartuja", cerca de Grenoble, en 1084).

La segunda, desde la cancela hasta la puerta de taracea, era la de los legos. La puerta de taracea fue hecha en 1750 por el mejor artesano de la taracea que jamás haya habido, el lego Fray José Manuel Vázquez. A ambos lados de la puerta hay dos retablos barrocos con cuadros de Sánchez Cotán, fechados hacia 1612, que representan: "Un descanso de la Sagrada Familia en la Huída a Egipto" y "El Bautismo de Jesús". Del primero de estos dos cuadros habría que destacar, por su realismo sorprendente, el detalle del pan, el queso y el cuchillo. Los dos altares están hechos de una sola pieza de mármol de Lanjarón. Debemos prestar atención también a las estatuas de figuras bíblicas, en escayola, que hay en la parte alta.

La tercera parte en que se divide la Iglesia, que es la reservada a los monjes, se encuentra justo detrás de esta puerta. Queda totalmente aislada del resto de la Iglesia, como prescribía la clausura absoluta y de por vida de los monjes Cartujos. Incluso los sillones en los que se sentaban los monjes son altos, para no dejarse ver unos a otros. Es de notar la ausencia de coro; tampoco hay órgano, pues los instrumentos musicales estaban totalmente prohibidos

Superior:
Retablo barroco con cuadros de Sánchez Cotán y puerta de taracea.
Daba entrada a parte de la Iglesia reservada a los monjes.

Página siguiente:
Vista general de la Iglesia.

Izquierda:
Baldaquino en madera, obra de Francisco Hurtado. La Asunción del centro es obra de José de Mora.

Derecha:
Cuadro de la Virgen del Rosario, de los más hermosos de todo el conjunto monumental.

por la Orden. La única música que antaño pudo haber entre estos muros era la del canto de los monjes en sus rezos. "El Gregoriano" era el canto musical por excelencia.

Los monjes entraban a la Iglesia por otra puerta que hay más arriba, a la derecha. La Iglesia se usaba sólo en comunidad, y se hacía cinco veces al día. La primera a las doce de la noche, hasta las dos y media en que regresarían a las celdas; de nuevo dos veces más, a las siete y once de la mañana. Después de comer y de un ligero descanso volvían hacia las tres y media de la tarde, y otra vez para hacer "las Completas del Gran Oficio" y "el Oficio de la Virgen", que terminaba hacia las siete, hora a la que habitualmente volvían a la celda para acostarse.

La gran blancura de las paredes es una característica de la Iglesia cartujana. Entre las obras de arte aquí conservadas caben destacarse: la colección de cuadros de la Virgen María, pintados por Pedro Atanasio Bocanegra (discípulo de Alonso Cano) en el siglo XVII y un poco más a la izquierda, su obra más bella, enmarcada entre mármoles de Lanjarón, "La Virgen del Rosario". La cúpula, con figuras de evangelistas y linternas por las que pasa luz para iluminar el altar, no deja lugar a dudas del Barroco. La parte superior de toda la Iglesia está recorrida por figuras de personajes bíblicos.

La Iglesia tiene policromada la parte posterior del altar con estatuas de San Juan Bautista, patrón de la Orden, a la izquierda y San Bruno, el fundador, a la derecha. El centro lo ocupa una Asunción de José de Mora, enmarcada por un baldaquino de madera dorada con incrustaciones de cristales. El baldaquino es obra de Francisco Hurtado Izquierdo, fechado en 1710.

EL SANCTA SANCTORUM

Se encuentra tras el altar, y es el lugar destinado a guardar las reliquias y sagradas formas. Es obra de Hurtado Izquierdo y es de un Barroco que tiende a Rococó. Fue terminado hacia 1720, y las dos capillas laterales, hacia 1725. Lo que más sorprende es su exhuberancia decorativa, con exceso de mármoles de Lanjarón y Cabra. La puerta es de cristales venecianos.

El centro lo ocupa un **baldaquino** en mármol, con columnas negras de estilo salomónico y una palmera de incrustación en su interior. Tiene cuatro estatuas en las esquinas, que según la opinión de Emilio Orozco, son obra de Duque Cornejo, y que representan las cuatro virtudes: Justicia, Prudencia, Fortaleza y Templanza. Coronando todo el conjunto se encuentra la figura de la virtud teologal de la fe, obra de Risueño. La urna del Sagrario que hay en el interior, de maderas preciosas, se hizo en 1816. La original, que era de plata y cristal, fue robada por el General Sebastiani durante la ocupación francesa.

En los rincones del habitáculo hay cuatro estatuas: San Bruno, San Juan Bautista, La Magdalena y San José con el Niño; las cuales son de José de Mora (San Bruno y San José), de Risueño (San Juan Bautista) y de Duque Cornejo (La Magdalena). Estas estatuas están bajo unos palios, que al estar policromados y con borlados, nos dan la sensación de ser de terciopelo o seda; sin embargo, están hechos de madera, acentuando el "efecto óptico" de irrealidad. Estos palios son obra de Duque Cornejo.

En la parte baja, a ambos lados, hay unos ojos de buey que comunican con dos capillas, desde las que los monjes adoraban el Santo Sacramento.

Uno de los elementos más bellos es sin duda la **cúpula,** pintada al fresco por Antonio Palomino y José Risueño, en la que se ensalza al Santo Sacramento de la Eucaristía, con San Bruno sujetando una bola del mundo, sobre la que se encuentra una custodia. En las esquinas de soporte de la cúpula o "pechinas" están representados lo cuatro evangelistas, cada uno con su símbolo: San Juan con el águila, San Marcos con el león, San Lucas con el buey y San Mateo con el ángel.

Cabe destacar la extraordinaria solería, también en mármol y piedra, y los cuadros de Palomino, que representan a "David y Abigail" y a "Moisés circuncidando a sus hijos".

Derecha:
Detalle de las diferentes imágenes de las Virtudes que decoran el Sancta Sanctorum.

LA SACRISTÍA

Página anterior:
Impresionante cúpula, pintada al fresco, que cubre el Sancta Sanctorum.

Superior:
Detalle del techo de la Sacristía.

Al salir del Sancta Sanctorum, a la derecha, y tras una puerta lisa con incrustaciones de taracea se encuentra la "Sacristía". Hay momentos en que el arte no necesita ser explicado, es tanta la belleza y la armonía que habla por sí mismo. Hemos recorrido el Claustro, la Iglesia y el Sancta Sanctorum y creíamos que lo habíamos visto todo, pero aún no habíamos llegado al "clímax". Es como si al atravesar esta puerta entráramos en el final de la "Novena Sinfonía" de Beethoven, o en el adagio de la "Séptima Sinfonía" de Bruckner. Al entrar en la Sacristía nos damos cuenta de que todo estaba por decir; la luz nos invade, la blancura nos lleva a otro espacio más puro, más etéreo, donde todo comentario huelga.

¿Qué más decir? Simplemente hacer mención a los autores de esta obra genial. El tallista Luis Cabello hizo los estucados y el cantero Luis de Arévalo trabajó los ricos mármoles de Lanjarón que forman el zócalo, con las extrañas figuras que dibujan las vetas del mármol: una cabeza de gato, otra de perro, un pez, una joven sentada con flores en el pelo, que nos hace dudar si son reales o pintadas. La cúpula, que no desmerece al conjunto, es de Tomás Ferrer. El centro del retablo lo ocupan dos esculturas: una Inmaculada de alabastro y un

Superior:
Detalle de una de las cajoneras que decoran la Sacristía. Son obra del lego Fray José Manuel Vázquez.

Inferior:
Detalle de la puerta de la Sacristía.

Página siguiente:
Vista general de la Sacristía.

San Bruno. Sin embargo, las esculturas, de mediano valor artístico, no son lo más destacable aquí. Sí que es una excepción, por su enorme valía, la pequeña imagen de San Bruno que hay al fondo a la izquierda, obra del escultor granadino José de Mora, que originariamente no estuvo ubicada ni fue concebida para este lugar. Está considerada, por su desgarrante espiritualidad, una de las mejores imágenes del Barroco.

Queda hacer mención al elemento decorativo que quizá llame más la atención del visitante: las maravillosas cajoneras en taracea de esta Sacristía. Son obra del lego Fray José Manuel Vázquez y están hechas con madera de caoba, ébano, palo santo, marfil, nácar, concha de carey y plata. Este trabajo le llevó desde 1730 a 1764, nada menos que treinta y cuatro años. Pero aún perdura, con todo el frescor de las maderas y su incrustaciones, tras casi tres siglos.

Por último, no quisieramos terminar sin hacer notar que, tanto por sus estucados, su taracea y la fantasía, esta Sacristía de la Cartuja de Granada parece que fuese hija directa de la Alhambra.

El Monasterio de
San Jerónimo

Cuando se entra en este monasterio, en medio del bullicio de la ciudad, se retrocede al siglo XVI, época de su construcción y de la muerte del "Gran Capitán", cuyos restos mortales descansan aquí.

La primera Orden Jerónima que hubo en Granada estuvo ubicada en el Real de Santa Fe, cuando los Reyes Católicos emplazaron allí su campamento, sitiando la ciudad en espera de su rendición, en el convento de Sta. Catalina. Pero una vez abandonado el sitio, los monjes quedaron a su suerte hasta que, ya colonizada Granada por los cristianos, los Reyes ofrecieron a las tres órdenes religiosas más importantes de aquellos días (Franciscanos, Dominicos y Jerónimos) un lugar en la ciudad para que establecieran sus conventos. A los Jerónimos se les concedió un lugar llamado "El Nublo", en lo que hoy es el Hospital de S. Juan de Dios.

Cuentan las crónicas que los Jerónimos llegaron tan lacerados y picados de insectos que "no parecían monjes de S. Jerónimo, sino de S. Lázaro", según estaban de lacerados y mordidos (los monjes de San Lázaro eran los que cuidaban a los enfermos de lepra). No se sabe bien si estas desventuras ocurrieron a los Jerónimos en el lugar del "Nublo", o en lo que quedó de Santa Fe. El caso es que en 1496 los Reyes les donaron un nuevo emplazamiento en una finca, antigua propiedad de los reyes árabes, que tenía casa, molino y huerta. La finca se llamaba "La Almoraba". Una vez allí, definitivamente asentados, en 1519 se colocó la primera piedra del nuevo monasterio. En 1521 Doña María de Manrique, segunda esposa y duquesa-viuda del Gran Capitán, solicitó a Carlos V, que le concediera el monasterio como lugar de enterramiento de su marido, suyo y sus descendientes; lo que se le concedió en 1523. A cambio tendría que terminar la Capilla Mayor y decorarla con retablo, reja y túmulos (panteones o cenotafios), de lo que sólo se hizo el retablo.

La construcción de la Iglesia fue encargada en principio a Jacobo Florentino ("el Indaco") en 1525. Éste no pudo realizar su proyecto, pues falleció en 1526. Posteriormente, en 1528, la duquesa-viuda del Gran Capitán encargó la obra, el retablo y la reja de la capilla a Diego de Siloé. Quien, por un enfrentamiento con el nieto del Gran Capitán, sólo llevó a cabo parte de la iglesia y las portadas del primer claustro.

Página anterior:
Primer claustro del Monasterio, de estilo gótico decadente.

Superior:
Detalle del exterior de la iglesia desde la calle Gran Capitán.

Inferior:
Escudo de don Gonzalo Fernández de Córdoba, en el exterior del ábside.

Izquierda:
Portada y fachada principal de la iglesia, ya dentro del Monasterio.

Con la invasión de las tropas napoleónicas, el Monasterio fue saqueado por el general Sebastiani, que lo ocupó con sus ejércitos. En 1835 la Desamortización supuso la expulsión de los monjes. En 1973 fue devuelto a la Orden y desde 1977 estos muros, ya rehabilitados, los habita una comunidad de monjas jerónimas, que con generosa hospitalidad nos abre sus puertas.

EL EXTERIOR DE LA IGLESIA

Por la parte exterior del Monasterio, la que da a la calle Gran Capitán, tiene forma casi octogonal, con fuertes estribos y gruesos muros de cantería. La falta de decoración, excepto por los escudos del Gran Capitán, que decoran el ábside, los laterales y el Cimborrio, nos recuerda más a una fortaleza que a una iglesia. Quizás se hizo así en memoria del gran militar que allí reposa. En su simple decoración destaca la parte inferior del centro del ábside, con el enorme escudo de don Fernando de Córdoba sobre él y, en un cuerpo superior, la gran cartela sostenida por dos mujeres –"Fortitudo" (fortaleza) e "Industria" (trabajo)– en la que se lee: "Gonzalo Fernández de Córdoba, gran general de los españoles y terror de los franceses y de los turcos". No es de extrañar que Sebastiani y sus soldados napoleónicos se irritaran al leerla y, al venirle a la memoria las derrotas de Ceriñola, Garellano y Gaeta, saquearan la iglesia y el Monasterio.

La fachada principal, ya dentro del compás, tiene tres cuerpos. En el primero está la puerta, adornada con dos columnas dóricas a cada lado. Sobre ella, flanqueado por cuatro pináculos, San Jerónimo penitente, al que le falta una mano. En la otra mano el Santo sostiene una piedra para flagelarse, y a su lado el león que le acompañó en su soledad de ermitaño. A la derecha, colgados, los atributos del Santo como Doctor de la Iglesia. En el segundo cuerpo se encuentran el escudo de los Reyes Católicos, sus iniciales coronadas y sus símbolos, (el yugo y las flechas). El tercero consta de una bellísima ventana con vidriera que traspasa su luz al coro y, a sus lados, bustos de San Pedro y San Pablo, con cartelas sobre ellos con sus nombres. Y todo enmarcado por animales fantásticos como hipogrifos, característicos de Siloé.

La torre consta de cuatro cuerpos, de los cuales sólo los dos de abajo son originales. Los de arriba fueron desmochados por orden del general francés Sebastiani para construir con sus piedras el "Puente Verde", sobre el río Genil.

Gonzalo Fernández de Córdoba "El Gran Capitán"

El célebre Gonzalo Fernández de Córdoba, hijo segundo del Conde de Aguilar, nació en Montilla (Córdoba), el uno de septiembre de 1453. De muy pequeño fue paje del Infante Alfonso, hermano de Enrique IV de Castilla, "El Impotente", y de la futura reina Isabel I, quien sentía hacia él un especial afecto.

Ya como militar participó, a favor de Isabel y Fernando, en las guerras de sucesión al Reino de Castilla, en contra de los nobles, que apoyados por Portugal, se oponían al nombramiento de Isabel como reina. Su participación en la Batalla de "Albuera" (1479), en la que Fernando derrotó a los portugueses, fue muy destacada.

A partir de 1481 tomaría parte activa en las guerras por la conquista del Reino de Granada, hasta su rendición en 1492. La participación en la Toma de Granada le reportaría grandes latifundios y posesiones en esta ciudad, al igual que a otros nobles y militares que también participaron, a los que los Reyes recompensaron con vastas posesiones por sus servicios. Tras un corto regreso de Italia, en 1499 volvería a tomar parte en otra guerra en tierras granadinas: la primera revolución de los moriscos en las Alpujarras.

Sería su participación en las Guerras de Italia (1495-1504) la que daría a Gonzalo Fernández de Córdoba fama y leyenda por toda Europa, siendo conocido con el sobrenombre de "el Gran Capitán". Esta contienda surgió cuando Carlos VIII de Francia entró en Nápoles y depuso a Fernando II, Rey de este reino y pariente de Fernando el Católico. El Rey Católico para paliar esta situación envió a su más íclito general, Gonzalo, que desembarcó en Calabria el 26 de mayo de 1495. Tras distintas vicisitudes y contiendas se firmaría, en secreto, el "Tratado de Granada", entre el nuevo Rey de Francia Luis XII y Fernando el Católico, mediante el que ambos monarcas se repartieron el Reino de Nápoles.

Superior:
Escultura orante de Gonzalo Fernández de Córdoba en uno de los laterales de la Capilla Mayor.

No obstante, Francia y España se enemistaron otra vez, y Fernando el Católico volvió a enviar a Gonzalo, que una vez allí iniciaría su paseo triunfal. Con los famosos "tercios" de su ejército recuperó Calabria (que la había perdido antes), derrotó a los franceses en la "Batalla de Ceriñola" en 1503 y entró en Nápoles, derrotando al famoso general francés Bayardo, conocido como "el caballero sin miedo y sin tacha", en 1504. Gonzalo se mostraría tan generoso con los vencidos que éstos le llamaron "gentil capitán y gentil caballero".

Fue nombrado virrey de Nápoles, pero se extralimitó repartiendo títulos y mercedes entre sus oficiales, así como beneficios eclesiásticos, argumentando que los repartía entre los que tan bien habían luchado, y que por tanto los merecían. En este año (1504) la reina Isabel, su gran valedora, muere. Fernando el Católico, quien parece ser veía con cierto recelo su enorme fama, terminó pidiéndole que le rindiera cuentas. El Gran Capitán empezaba a hacer sombra en tierras italianas al Rey, que además andaba escaso de fondos. Fernando el Católico llegó a decir: "Qué me importa que Gonzalo me haya ganado un reino, si lo reparte antes de que haya llegado a mis manos".

Gonzalo acogió esta reclamación con el mayor desdén, y no amigo de bromas quiso dar una lección a los tesoreros del Reino y al mismo Rey, y demostrar quién era el auténtico deudor, si él o el fisco. Ante la audiencia de la tesorería comenzó a leer lo que se conocen como "las cuentas del Gran Capitán", que transcribimos aquí porque son una de esas curiosidades o anécdotas con que a veces nos premia la historia:

"Doscientos mil setecientos y treinta y seis ducados y nueve reales en frailes, monjas y pobres para que rueguen a Dios por la prosperidad de las armas del rey.- En picos palas y azadones, cien millones.- Cien mil ducados en pólvora y balas de cañón.- En guantes perfumados para reservar a las tropas del hedor de los enemigos muertos diez mil ducados.- Ciento setenta mil ducados para reparar y renovar las campanas a fuerza de redoblar todos los días en honor de las nuevas victorias obtenidas sobre el enemigo.- Cincuenta mil ducados en aguardiente para las tropas en día de combate.- Un millón y medio para cuidar de los prisioneros y heridos.- Un millón por misas de acción de gracia y te deum en honor del Todopoderoso.- Setecientos mil cuatrocientos noventa y cuatro ducados en espías.- Y finalmente, cien millones por la paciencia perdida escuchando a gentes que piden cuentas al que ha ganado reinos".

Todo esto, acrecentado por las envidias que entre ciertos cortesanos levantaba la figura del Gran Capitán, hizo que las diferencias entre Fernando el Católico y Gonzalo se fueran ensanchando, hasta el extremo de que el Rey haría todo lo posible por sacarlo de Nápoles. Gonzalo, desengañado por tantas argucias emprendidas en su contra, terminó por regresar a España. Aunque el "astuto" rey Fernando, para lavar las desavenencias con el mejor militar de sus ejércitos, le concedió de por vida el "Señorío de Loja". Ya casi desterrado y sintiéndose morir, Gonzalo Fernández de Córdoba se retiró a su casa de Granada, en la Plaza de las Descalzas (hay una placa conmemorativa), en donde murió el dos de diciembre de 1515, un mes y veintitrés días antes que el Rey, y totalmente olvidado por él, al igual que le ocurrió a Cristóbal Colón.

Superior:
Escultura orante de doña María de Manrique, segunda esposa y duquesa-viuda del Gran Capitán.

MONASTERIO Y CLAUSTRO

El acceso al Monasterio se hace a través de una portada, a la derecha de la iglesia, sobre la que campea el lema de la orden: "A Dios sólo el honor y la gloria", obra de Martín Navarrete. El Monasterio tiene dos claustros; sin embargo sólo uno de ellos permanece habilitado para la visita, pues el otro pertenece a la clausura de las monjas y sólo es posible verlo desde la reja que hay en el lateral derecho del primer claustro (el que visitaremos), junto a las escaleras que suben a la clausura. Este segundo claustro es de estilo renacentista y en 1526 se albergó en él la emperatriz Isabel, esposa de Carlos V, ya que los aposentos que habían sido habilitados para ella en la Alhambra le parecieron demasiado fríos. El segundo cuerpo de este claustro y la escalera fueron arrasados por un incendio y se restauraron entre 1965 y 1968.

El primer claustro tiene un hermoso jardín en el centro, con una pila rodeada de naranjos, limoneros, cedros, mirtos y plantas aromáticas que nos traen a la memoria el jardín hispano-musulmán. La arquitectura es de estilo gótico decadente o "isabelino". En sus arcos y capiteles se aprecia la influencia de Enrique Egas, aunque lo trazó algún artista desconocido. Está formado por un total de treinta y seis arcos en conjunto, nueve por cada lado. El interior está decorado con los escudos de los Reyes Católicos y el primer arzobispo de Granada y monje jerónimo, Fray Hernando de Talavera, confesor de la reina Isabel. Se terminó de construir en 1519.

Superior:
Detalle del primer claustro. Es el único abierto a la visita de los dos que tiene el Monasterio.

La parte superior pertenece a la clausura. Por encima, en uno de los lados, entre la torre y el cimborrio, hay un amplio corredor o "solarium" donde pasea-

"Sacristía" , sobre cuya portada está el escudo del Cardenal Mendoza, solamente referiremos como curiosidad, que en ella se conserva un Niño Jesús gótico que llevaba el Gran Capitán en sus batallas.

En el suelo llaman la atención las pequeñas lápidas de mármol, donde se enterraban a los monjes fallecidos, con su nombre grabado en abreviatura. Según se dice hay quinientos y debido al gran número y espacio tan reducido habría que preguntarse si acaso no los enterrarían en posición vertical. Terminamos el claustro fijándonos en los cuatro fanales de barco que ocupan las esquinas del claustro, de hierro forjado, y que servían para su iluminación nocturna.

Izquierda

Dos de las bellas portadas, obra de Siloé, que engrandecen el claustro.

Inferior:

Detalle de las columnas del claustro.

ban a los convalecientes de enfermedades y tomaban el sol. Llama la atención el escudo de armas del Gran Capitán que hay en uno de sus extremos.

En torno a los corredores del claustro hay siete portadas, obra de Siloé. La mayoría corresponden a dependencias de la comunidad como "de profundis", "refectorio" o "sala capitular". La portada del "Ecce Homo", la primera a la izquierda, y que precede a una capilla, es quizá la más llamativa, con relieves de los Santos Juanes, S. Pedro, S. Pablo, S. Gregorio y S. Jerónimo en su arco. La mayor parte de estas portadas fueron pensadas como capillas de las familias más nobles de Granada y posterior enterramiento de sus miembros, como los Bobadilla, Díaz Sánchez Dávila y Ponce de León; aunque después tomaron las funciones prácticas para uso de la comunidad.

La sala "de profundis" daba acceso al "refectorio" o comedor; allí hay una fuente con el lema "Ave María", donde los monjes se lavaban las manos antes de pasar a comer. El comedor tiene bancos corridos de ladrillo, un púlpito donde se leían temas religiosos durante la refección y una pequeña fuente enmarcada en un nicho y decorada con azulejos. Los cuadros que hay en sus paredes son de Juan de Sevilla y en el testero final una bellísima "Inmaculada" de Pedro Atanasio Bocanegra. De la

EL INTERIOR DE LA IGLESIA

La iglesia es de una sola nave con crucero y capilla mayor con retablo. La nave consta de dos partes bien diferentes: *La primera,* desde la puerta de entrada hasta el crucero es de estilo gótico isabelino, con techo de oro y azul, muy en el estilo de Enrique Egas y su trabajo en la "Capilla Real". Probablemente lo trazara él o alguno de sus discípulos, puesto que Florentino no intervino en S. Jerónimo hasta 1523. Lo que más destaca de su decoración son sus pinturas, en techos y muros. *La segunda parte,* desde el crucero al Altar Mayor, es ya de estilo renacentista y en ella aparece la mano del maestro Diego de Siloé.

A ambos lados de la puerta de entrada hay dos frescos de Juan de Medina: "Jesús expulsando a los mercaderes del templo" y "S. Pedro curando a un tullido". Entre las nervaduras de la bóveda hay ángeles, serafines y querubines, y en las columnas que la sostienen arcángeles. Todas estas pinturas al fresco se hicieron en el siglo XVIII, al igual que las del resto que cubren toda la iglesia. Algunas son de autores desconocidos y otras conocidos, como el ya citado Juan de Medina, o Martín de Pineda.

Superior:
Techo de la nave de la iglesia, de estilo gótico isabelino.

En cada lateral se abren cuatro capillas con bóvedas de nervios en su interior, obra de Florentino. Estas capillas contienen tallas de cierta relevancia, como "el Cristo Yacente" y "la Virgen de la Soledad", que salen en procesión el Viernes Santo.

En la parte de arriba está **el coro,** en el que las cajas de los órganos permanecen vacías y sin tubos. Hay también una sillería de nogal hecha por Siloé. Las pinturas son igualmente de tema religioso, destacando "El Triunfo de la Eucaristía" de Juan de Medina. Lamentablemente no se conservan todas las vidrieras que antaño cubrieron los ventanales; las que hay son de Arnao de Vergara.

Llegamos **al crucero** y es aquí donde empieza el trabajo de Siloé, pasando del Gótico al más puro Renacimiento. Está sostenido por enormes arcos profusamente decorados con figuras de héroes y heroínas de la antigüedad: César, Aníbal, Pompeyo, Homero... La razón de que aparezcan estas figuras no religiosas en una iglesia católica, está en la similitud de sus hazañas con las del Gran Capitán. La bóveda es de crucería, adornada con querubines y bustos; de forma octogonal, con dobles tirantes centrales, y sostenida por cuatro trompas, sobre las cuales se asientan los Evangelistas. Todo iluminado por cuatro vidrieras circulares con el escudo del Gran Capitán.

A ambos lados del crucero hay dos capillas en las que aparecen las armas del Gran Capitán, flanqueadas por "lansquenetes" (soldados de infantería suizos y mercenarios que combatieron bajo sus órdenes). Sobre ellos las estatuas sentadas de cuatro virtudes, dos en cada altar:

"Fe" y "Esperanza" a la izquierda y "Fortaleza" y "Justicia" en la parte opuesta.

Ya ante la escalinata que da acceso a la Capilla Mayor nos encontramos con la lápida, sencilla y muy deteriorada, hecha de mármol, bajo la cual yacen los restos de Gonzalo Fdez. de Córdoba; con una sencilla inscripción en latín: "Gonzalo Fernández de Córdoba, que por su gran valor hizo suyo propio el nombre de Gran Capitán, sus restos están en esta sepultura hasta que sean restituidos a la luz perpetua. Su gloria no quedó sepultada con él."

Terminamos con en **el gran retablo** de la Capilla Mayor. Es quizás uno, si no el mayor, del Renacimiento español. Se contrató en 1570 y fueron sus principales artífices: Juan de Aragón, Diego Pesquera, Lázaro de Velasco, Juan Bautista Vázquez, Pablo de Rojas y su entonces joven discípulo, Juan Martínez Montañés, Pedro de Orea, Pedro de Raxis y Diego de Navas. En total una constelación de artistas que, a pesar de ello, supieron darle una unidad sorprendente.

El retablo consta de cuatro cuerpos, que descansan sobre una hilera de relieves de santos. Lo remata un frontón presidido por la figura de Dios Padre. Como es tan variado y complejo, por la gran cantidad de figuras allí representadas, referiremos únicamente lo más destacable de cada cuerpo.

Primer cuerpo: El hueco central lo ocupa la Virgen de la Pera; San Pedro y San Pablo a cada lado. Junto a ellos, relieves del "Nacimiento" y "Adoración de los Reyes Magos."

Segundo cuerpo: En el centro, la Inmaculada; a sus pies, sus padres San Joaquín y Santa Ana. Aquí es la primera vez en la Historia del Arte que se dedica un retablo a la Virgen. A los lados, San Juan Bautista y San Juan Evangelista (éste en el caldero), y relieves de la "Encarnación" y "Presentación".

Tercer cuerpo: Está presidido por San Jerónimo penitente con el león. Al lado, Jesús atado a la columna y el Ecce-Homo. Completan este cuerpo relieves del "Prendimiento", "Oración del Huerto", "Crucifixión" y una "Piedad".

Cuarto cuerpo: En el centro, un "Crucificado" con la Virgen y San Juan Evangelista; a cada lado, relieves de "la Ascensión" y "Venida del Espíritu Santo" (Pentecostés). En los laterales, los escudos del Gran Capitán y su esposa María de Manrique.

Página anterior:
Vista general de la nave desde el Altar Mayor.
Al fondo, el coro y los órganos.
Derecha:
Detalle de algunas de las numerosas pinturas que decoran los muros de la iglesia.

Izquierda:
Altar Mayor y crucero desde la nave central. (Su descripción se encuentra en la página anterior).

Superior:
Bóveda del crucero. (Se describe en la página 201).

Remata el retablo un frontón partido con las figuras de Dios Padre y los Santos Justo y Pastor. Sobre ellos, las virtudes de la "Fe", "Esperanza" y "Caridad". A cada lado del frontón, más separadas, la "Fortaleza" y la "Templanza".

En la parte baja, a cada lado, los donantes del Monasterio arrodillados en actitud de oración: don Gonzalo Fernández de Córdoba y su esposa. Sobre la figura orante del Gran Capitán hay un fresco que representa a éste recibiendo la espada que le entregó el papa Alejandro VI para defensa de la Iglesia, tal como dice la leyenda inferior escrita en latín.

Aquí estuvo la espada original hasta que la robó el general francés Sebastiani en 1810. Igualmente se expolió todo el tesoro de la iglesia, al convertir el Monasterio en cuartel y cuadras: alhajas, rejas platerescas que cerraban las capillas, tubos del órgano, estandartes y un enorme número de banderas ganadas por el Gran Capitán en sus batallas (según Miguel Lafuente Alcántara eran unas setecientas).

Otros monumentos de interés

Hospital Real, Basílica de San Juan de Dios y Plaza de la Universidad; tres enclaves en recorrido que enlaza el Monasterio de Cartuja con el de San Jerónimo.

Superior:
Detalle del portón de madera de la entrada.

Inferior:
Fachada principal del Hospital Real.

El Hospital Real

Los Reyes Católicos habían fundado ya en 1501 un primer Hospital Real en la Alhambra, cuya principal función sería atender a los heridos en la Guerra. No obstante, este primer hospital tendría un carácter provisional; pues los Reyes fundadores tenían pensado, entre los grandes proyectos arquitectónicos previstos para la ciudad, la fundación de un gran hospital, ya definitivo, en el que encontrasen amparo los enfermos y desvalidos. El edificio se decidió ubicar en un lugar ocupado anteriormente por un antiguo cementerio musulmán, a las afueras de la Puerta de Elvira. Las obras se iniciaron en 1511 y fueron interrumpidas al poco tiempo, reanudándose después en 1522, bajo la dirección de Juan García de Pradas. En 1526 empezó a funcionar como hospital, trasladándose aquí a los enfermos del Hospital de la Alhambra, que fueron ubicados en una pequeña parte que ya había sido concluida. Posteriormente fue "casa de locos" y hospicio.

En el edificio se produce una superposición de diferentes estilos, debido esencialmente a lo mucho que duró su construcción y a las reformas, que a lo largo del tiempo y para adaptarlo a emergentes necesidades, se realizaron en lo ya hecho. De su primera etapa (1511-1522) encontraremos líneas arquitectónicas del Gótico tardío. A partir de 1522, en que toma Juan García de Pradas la dirección de las obras, el estilo y elementos arquitectónicos del Renacimiento se irán superponiendo a las anteriores formas góticas. A finales del XVI se producirá un estancamiento, motivado sobre todo por la pérdida de recursos económicos para poder continuar las

obras. Lo más destacable de lo que se realizó en el XVII, acaso sea la portada de la fachada, que es del primer tercio de este siglo. En el siglo XVIII se emprenderán nuevas reformas, que supondrán una nueva redistribución del edificio para adaptarlo a las nuevas necesidades.

Los muros de todo el edificio y los de la fachada principal son de una gran austeridad, interrumpida únicamente por cuatro ventanas platerescas en la parte superior, obra de Pradas, y por la portada. Los elementos más significativos de esta portada son: en la parte inferior, a cada lado de la puerta, dos columnas corintias; en el segundo cuerpo, una escultura de la Virgen con el Niño, y a cada lado los reyes fundadores en actitud orante. Corona el conjunto un águila[1] de San Juan con el escudo de armas de los Reyes y las iniciales de éstos a cada lado, que están por todo el edificio.

La planta es una cruz griega inscrita en un cuadrado, con cuatro patios en cada uno de los ángulos de la cruz. Estos patios son sin duda uno de los elementos más destacables de todo el conjunto. Los del lado izquierdo son los más interesantes; sobre todo el primero, con cinco arcos por cada uno de sus lados, apoyados en estilizadas columnas y decorado con elementos alusivos a los Reyes Católicos y a su nieto, el Emperador Carlos V. Otro de los elementos más llamativos son los techos. Los de madera son obra de los maestros carpinteros Juan de Plasencia y Melchor Arroyo. Obra de este último es la gran cúpula de casetones que cubre el interior del cimborrio, apreciable si se visita la bellísima biblioteca del edificio.

Actualmente este monumento alberga los servicios centrales de la Universidad de Granada, destinándose sus patios y salas del crucero a la celebración de actos académicos o culturales de todo tipo, y también como sede de numerosas y variadas exposiciones.

Superior:
Uno de los patios del interior del edificio.

Inferior:
Detalle de uno de los arcos del patio. Está rodeado de símbolos reales; el más llamativo, el águila de San Juan.

[1]Cada evangelista tenía un símbolo representativo: San Marcos, un león; San Lucas, un toro; San Mateo, un ángel y San Juan, un águila. Los Reyes Católicos, por la devoción que procesaban a este santo, incluyeron este águila como portadora de su escudo, y ha figurado en todos los escudos de España hasta la llegada de la Dinastía Borbónica.

La Basílica de San Juan de Dios

Consagrada a la Inmaculada Concepción y dedicada a San Juan de Dios[2]; comenzó a construirse en 1737, bajo la dirección de José de Bada, quedando abierta al culto en 1759. De estilo barroco, su recargamiento ornamental es tal, que apenas hay un hueco entre sus muros que no se encuentre profusamente decorado.

En su fachada exterior sobresalen dos campanarios gemelos cubiertos por chapiteles de pizarra. La portada, trazada por José de Bada, en mármol de Sierra Elvira, presenta dos cuerpos ricamente trabajados. En el inferior, a cada lado de la puerta, y entre columnas corintias, estatuas de Arcángeles San Rafael y San Gabriel, de Ramiro Ponce de León. En el superior, San Juan de Dios, también de este último. A cada lado, entre columnas, San Ildefonso y Martirio de Santa Bárbara, de Agustín Vera Moreno. Rematando el conjunto, la figura de Dios Padre.

Superior:
Fachada de la Basílica de San Juan de Dios.

Inferior:
Interior de la Basílica.

La planta es de cruz latina con capillas abiertas a los laterales de la nave. Todos los retablos de esta iglesia son de José Francisco Guerrero. Junto con los barrocos retablos, lo más llamativo son sin duda las pinturas que decoran arcos, bóveda y cúpula. En ellas aparecen representados santos, evangelistas, fundadores de órdenes religiosas, las virtudes y escenas de la vida de la Virgen y de San Juan de Dios. Casi todas son obra de Sánchez Sarabia; aunque también hay algunas, como las de los arcos de las capillas, obra de Tomás Ferrer.

El **retablo** de la Capilla Mayor, obra de José de Bada y José Francisco Guerrero, es de estilo churrigueresco y está decorado con pan de oro. Las imágenes que lo adornan son: la Inmaculada, que lo corona, San Ildefonso, San Carlos Borromeo, San Joaquín y Santa Ana, de Sánchez Sarabia; en lo alto del tabernáculo, un San Juan Nepomuceno, de Ramiro Ponce de León. A cada lado de la Capilla Mayor, precediendo al retablo, hay dos grandes lienzos: "Aparición de la Virgen a San Juan de Dios" y "Muerte de San Juan de Dios", son obra de Conrado Gianquinto. En la parte central se abre una ventana en forma de arco que da acceso al camarín. El **camarín** es riquísimo en materiales preciosos y espejos; todavía si cabe más rico que la iglesia. Alberga un tabernáculo en el centro, en cuya urna de plata, decorada por el platero Miguel de Guzmán, están guardados los restos de San Juan de Dios. En su profusa decoración se incluyen numerosos relicarios con cráneos y huesos de mártires, como San Feliciano, cuyo esqueleto completo se guarda en una urna. Las pinturas de su bóveda son obra de Sánchez Sarabia.

Inferior:
Pinturas de la bóveda de la nave, obra de Sánchez Sarabia, en las que se representan escenas de la vida de la Virgen y de San Juan de Dios.

En las **capillas laterales** hay excelentes obras de arte, como una estatua de San Juan de Dios, obra de Bernardo de Mora y otra de San José con el Niño, de José Risueño. Entre los cuadros deben destacarse los de Pedro Atanasio Bocanegra, en particular, el de la Inmaculada Niña entre San Joaquín y Santa Ana.

El retablo tiene abiertas en su parte inferior dos pequeñas puertas a los lados que comunican con la **sacristía,** también muy rica en decoración. Lo más destacable en ella, como en la iglesia, son las pinturas de su techo, igualmente obra de Sarabia. Las cajoneras son de Francisco Guerrero.

[2] Juan Ciudad Duarte (San Juan de Dios) nació en Montemoro-Novo (Portugal) en marzo de 1495. Por diversos motivos viene a vivir a España, a Oropesa (Toledo). En su primera época en España, se enrolará como militar en dos ocasiones, luchando contra los franceses y los turcos. En 1538 se instala en Granada, ciudad en la que encuentra su verdadera conversión de la mano de San Juan de Ávila. Su transformación es tan radical, que a los ojos de la gente fue considerado como un demente e ingresado en el Hospital Real. Esta estancia hospitalaria marcará su vida, y desde entonces dedica todo su esfuerzo a los enfermos y necesitados. Funda un primer hospital en un local de la calle Lucena de Granada, que crecerá y trasladará a otro lugar más grande. Primero trabajó solo, pero poco a poco fue encontrando colaboradores. Su acción consistió en cuidar y alimentar a pobres y enfermos para que tuvieran una vida digna, y en pedir por las calles limosna para ellos. Murió en marzo de 1550, en la Casa de las Pisas, víctima de una pulmonía que cogió al tirarse al río Genil, para salvar a un joven que se ahogaba.

Iglesia de San Justo y Pastor, en la Plaza de la Universidad.

La Plaza de la Universidad

Se trata de un enclave muy céntrico, cercano a la Catedral; una recoleta plaza que, por su bello entorno y las fachadas de sus dos edificios principales, la **Facultad de Derecho** y la **Iglesia Colegiata de San Justo y Pastor,** es uno de los lugares más pintorescos del centro de la ciudad. Durante el curso académico esta plaza y las calles que parten de ella, incorporan a su paisaje el trasiego continuo de los estudiantes con sus libros y carpetas, tan típico de esta ciudad. No debe olvidarse que la Universidad de Granada es una de las primeras fundadas en Europa y más importantes de España. En el centro de la plaza hay una estatua del Emperador Carlos V, que ordenó en 1526 la creación de una "Universidad Literaria"en Granada, origen y germen de la actual, en la que se estudiaba Teología, Filosofía, Lógica y Gramática.

El edificio de la **Facultad de Derecho,** que antaño fue propiedad de los Jesuitas, es hoy una construcción moderna en su mayor parte y muy reformada. De lo antiguo sólo quedan dos claustros, el techo del salón de actos (antigua capilla) y la portada de la fachada, de principios del siglo XVIII, con barrocas columnas y una imagen de la Inmaculada. Desde 1769, y tras ser expulsados de él los Jesuitas, este edificio fue sede de la Universidad de Granada, que hasta entonces, y desde su fundación, había estado ubicada en lo que hoy es el *Palacio de la Curia Eclesiástica,* frente a la *Catedral.* Actualmente, aquí se encuentra la Facultad de Derecho de esta Universidad.

La **Iglesia Colegiata de San Justo y Pastor** también fue propiedad de los Jesuitas, que la construyeron. Se inició en 1575 y fue terminada sobre 1621. La torre y la portada principal son posteriores, de mitad del XVIII. Esta última presenta bellos relieves obra de Vera Moreno. La imagen que la corona es un San Ignacio. El edificio adosado a la iglesia es la casa parroquial, y era parte del antiguo Colegio de San Pablo de la Compañía de Jesús.

En el interior, de planta de cruz latina, se respira sobriedad y armonía. Destaca su Capilla Mayor con un retablo policromado en oro y negro, obra de Francisco Díaz de Rivero, carpintero madrileño que con anterioridad había ingresado en la Orden de los Jesuitas y que lo realizó en 1630. Presenta columnas de fuste retorcido, con un hueco semicircular en el centro, que encierra un tabernáculo giratorio y móvil, cuyo objeto es ocultar y exponer el Santísimo. Los laterales están ocupados por relicarios que se abren en las solemnidades. El gran lienzo que encabeza el retablo, que representa "La Conversión de San Pablo", es obra de Pedro Atanasio Bocanegra, al igual que los otros que adornan las paredes de la Capilla Mayor. Delante del altar, en las paredes del crucero, hay dos imágenes de los santos niños y mártires Justo y Pastor, que son los que dan nombre a la iglesia. Lo más destacado de las capillas laterales, acaso sean las tallas e imágenes que guardan; algunas de ellas de cierta relevancia.

Superior:
Estatua de Carlos V y portada de la Iglesia de San Justo y Pastor.

Inferior:
Rincón de la Plaza con la portada de la Facultad de Derecho al fondo.

Otros rincones y paseos

El Barrio del Realejo

Es uno de los barrios más antiguos y típicos de Granada, en la bajada de la Alhambra por su vertiente sur.

Es el barrio más antiguo de la Granada cristiana, después de la Conquista. En este lugar se asentaban en época musulmana las huertas reales de los sultanes granadinos, que se extendían en dirección al río; de ahí su nombre. Ocupaba la parte de la bajada de la Alhambra por su vertiente sur, o Antequeruela[1], y se comunicaba con el barrio judío del "Mauror" a traves de la puerta de *Bibaxarc* o "Puerta del Sol"; dividiéndose a su vez en Realejo alto y bajo. En época musulmana el barrio se llamó "Rabad-Al-Fajjarin" o de los alfareros, y tenía su jima (pequeña mezquita que normalmente había en cada barrio) llamada "Abengimara", sobre la que se construyó la "Casa de los Tiros"; así como valiosos edificios.

Las plazas y calles principales que recorreremos de este popular barrio granadino, alrededor de las cuales se encuentra la mayoría de sus monumentos, son: El Campo del Príncipe, la calle Molinos, la Plaza de Santo Domingo y la calle Pavaneras.

El centro neurálgico del Barrio se encuentra en el **Campo del Príncipe;** amplia plaza a los pies del Hotel Palace y de la Fundación Rodríguez Acosta; en la bajada de la Alhambra por su vertiente sur. En época musulmana se denominó "Albunest" o "Campo de la Lona"; hubo aquí un cementerio y grandes huertas y jardines. En esta plaza se encuentra "el Cristo de los Favores", al que los granadinos le tienen una gran devoción; y desde 1682 todos los Viernes Santos se congregan aquí a las tres de la

Superior:
Cristo de los Favores, al que los granadinos tienen una gran devoción.

Inferior:
Portada de la Iglesia de San Cecilio.

Derecha:
Plaza del Campo del Principe, presidida por el Cristo de los Favores.

tarde, para el rezo de "las siete palabras de Jesucristo", pidiéndole tres favores. Hay dos teorías acerca de su actual nombre; una, que los granadinos lo llamaron así en el siglo XV en honor a las bodas del Infante Juan, único hijo de los Reyes Católicos (1471-1497); la otra, en recuerdo de la muerte del Infante, que cayó del caballo, a consecuencia de lo cual murió en 1497, a los pocos meses de su boda con Margarita de Austria. (Ref. *La Alhambra*-Rafael Contreras-pag. 335).

Esta plaza es uno de los lugares más pintorescos de Granada, al que siempre acuden granadinos y visitantes, animados por los bares y tascas que tradicionalmente ha habido siempre aquí; en donde nos servirán la típica "tapa" granadina.

En la parte alta del *Campo del Príncipe* se encuentra la **Iglesia de San Cecilio,** patrón de Granada, antes "Jima Alyahud" o "Sinagoga de los Judíos"; anterior a los árabes. En su interior cabría destacar; una "Virgen de Belén", de Alonso de Mena, y un "San Pedro de Alcántara" de José de Mora. Muy cerca, en la parte alta, se encuentra el **Convento de Santa Catalina de Siena,** del siglo XVI. También muy cerca, en la "Placeta de la Puerta del Sol", donde se hallaba la antigua puerta del mismo nombre, hay un **lavadero público del siglo XVII,** bien conservado y el único que queda en Granada.

Otro de los lugares más bellos del Realejo es "la Plaza de Santo Domingo". El centro lo ocupa una escultura en bronce de "Fray Luis de Granada", y está presidida por el que sea quizá el monumento más emblemático e importante del barrio; **la Iglesia de Santo Domingo,** que se comenzó a construir en 1512, de fachada gótica, con los escudos de los Reyes Católicos y Carlos V. Ostenta también las iniciales "F" e "Y", de Fernando e Isabel. Es una de las pocas iglesias que no tiene campanario, sino una espadaña. (Una espadaña es como un campanario, pero de una sola pared, con huecos para colocar las campanas). En su interior cabe destacar el paso de la "Santa Cena" y la talla de la "Virgen del Rosario" con su "camarín", obra exuberante del Barroco.

Muy cerca de este entorno se encuentra la **Casa de los Girones,** de época musulmana (siglo XIII), que parece ser perteneció a una hermana de Boabdil, pasando después a ser propiedad de los Téllez Girón, más conocidos como los duques de Osuna. Frente a la Casa de los Girones se haya la **Casa de los Condes de Gabia** (siglo XIX), en la que actualmente hay una sala de exposiciones. También está cerca el **Convento de las Comendadoras de Santiago** (siglo XVI), donde se guarda el paso de Semana Santa "la Oración en el Huerto de los Olivos".

Superior:
Iglesia de Santo Domingo, que da nombre a la plaza. En el centro, una escultura de Fray Luis de Granada.

En la parte baja del Realejo, y cerca de Santo Domingo, se halla el **Cuarto Real de Santo Domingo** o **Palacio de Almanxarra,** que era una huerta y residencia de los reyes musulmanes, donde

[1] Se llamó Antequeruela porque se colonizó con los árabes huidos de Antequera, cuando la conquistó en 1410 don Fernando I de Aragón; llamado "el de Antequera".

se retiraban durante el "Ramadán". Destacan en él un arco de entrada y su gran sala, de siete metros de lado, con magníficos azulejos, estucos y un gran alfarje de madera. Gran parte de sus huertas y jardines desaparecieron. Por la ausencia de inscripciones nazaríes, se supone que este edificio es del siglo XIII.

En la calle Pavaneras[2], una de las arterias principales del barrio, se encuentra otro de sus monumentos más singulares; **La Casa de los Tiros.** Este pintoresco edificio perteneció a la familia Rengifo, que también fue dueña del *Generalife,* pasando después por matrimonio a los Granada Venegas. Actualmente pertenece a la ciudad y alberga un museo en su interior. Tiene una fachada de estilo castrense, con mosquetones y cañones en su parte superior, de donde le viene el nombre "de los tiros". Cinco figuras decoran la fachada: Jasón, Mercurio, Héctor, Teseo y Hércules; y sobre la puerta, una espada sobre un corazón, que representa el lema de la familia Venegas: "el corazón manda". En su interior hay que destacar la sala de la *Cuadra Dorada,* de estilo carolino y techo decorado de retratos y leyendas de héroes y nobles españoles. El resto está dedicado a hombres y mujeres célebres de Granada, como Washington Irving o Eugenia de Montijo. El edificio de al lado es el **Archivo de la Chancillería.** En él, antaño nació el brillante teólogo granadino Padre Suárez (1548). Por eso, la recoleta plaza que se abre justo enfrente se llama plaza del Padre Suárez, donde está el **Palacio de los condes de Villa Alegre,** hoy colegio de la Mercedarias. También se encuentra cerca la **Casa de los marqueses de Casablanca** (siglo XVI).

[2] El nombre de "Pavaneras" viene de que en esta calle se hacían las "pavanas"; una pieza de vestido que solían llevar las mujeres al cuello y sobre los hombros.

En toda la página:
PLaza del Padre Suárez.
Fachada de la Casa de los Tiros, que en su interior alberga un interesante museo.
Techo de la "Cuadra Dorada", en la Casa de los Tiros.

De la Carrera del Genil al río

Aquí se encuentra la Basílica de Nuestra Señora de las Angustias, patrona de la ciudad y muy querida por los granadinos.

Se trata de uno de los lugares más tradicionales de Granada, uno de los preferidos por los granadinos, pues aquí está la **Basílica de Nuestra Señora de las Angustias,** patrona de esta ciudad. En esta zona, al final de la Carrera, en lo que hoy se llama el Humilladero, había una ermita dedicada a las Santas Úrsula y Susana, donde se veneraba una tabla, donada por la reina Isabel la Católica, que representaba "la Quinta Angustia de Nuestra Señora", obra de Francisco Chacón (siglo XV). Fue tal la devoción que despertó el cuadro, que en 1545 se formó una Hermandad para rendirle culto. Creció tanto ésta, que en 1567 se construyó una pequeña iglesia, erigida en 1610 como parroquia independiente. En este nuevo lugar se veneraba una imagen distinta a la de la tabla primitiva. Como esta iglesia se quedó pequeña, en 1663 se comenzó a edificar el templo actual, al lado del anterior.

En su fachada sobresalen dos altas torres gemelas. La imagen de la Virgen sosteniendo el cuerpo de su hijo, en la hornacina que hay sobre la puerta, es obra de los Mora. El interior es de estilo barroco. Lo más destacable, en esta breve síntesis: Las imágenes de los doce Apóstoles, talladas por Duque Cornejo (1714-18). La Capilla Mayor, que presenta un barroco retablo de mármoles, de Marcos Fernández Raya. El riquísimo camarín, también en mármol. Por último, la imagen de Nuestra Señora de las Angustias, obra de finales del XVI a la que se le han ido haciendo posteriores transformaciones: se le incorporó el Cristo yacente, , la cruz trasera, la rica vestimenta y se le separaron los brazos y las manos, que estaban pegados al cuerpo. Esta imagen recorre en procesión las calles de Granada todos los años, el último domingo de septiembre.

Al final de la Carrera está el **Paseo del Salón,** y un poco más allá, el **Paseo de la Bomba.** Paralelos a ellos corren unos bellos jardines colgados sobre el **río Genil,** que nace en Sierra Nevada y entra por aquí a la ciudad.

En toda la página:
Vista del río Genil y los jardines del Violón.
Basílica de Nuestra Señora de las Angustias.
Bulevar de la Carrera del Genil.

El Carmen de los Mártires

Superior izquierda:
Palacete del Carmen de los Mártires, construido en la segunda mitad del siglo XIX.

Superior derecha:
Detalle de la fuente del Jardín Francés.

Inferior:
Estanque del Carmen.

El romanticismo que inspiran sus jardines, alzados sobre la ciudad, en la misma colina de la Alhambra, hacen de éste un lugar de ensueño.

Es uno de los rincones más idílicos y hermosos que se pueden encontrar en esta ciudad, en el mismo entorno de la Alhambra, por lo que si se puede y se dispone de un poco de tiempo, debe visitarse. Toma su nombre porque, al parecer, en este lugar, en época de dominación musulmana, fueron martirizados algunos cristianos. Tras la conquista, los Reyes Católicos levantaron aquí una ermita y, posteriormente, la Orden de los Carmelitas Descalzos construyó un convento, en el que vivió y fue prior San Juan de la Cruz. Aún se conserva en sus jardines el ciprés que, según la tradición, plantó este santo, y bajo el que escribió su obra: "La noche oscura del alma".

En el siglo XIX el convento fue destruido y la finca pasó a manos de una ilustre familia que construyó el actual palacete que hay en ella. En la actualidad es propiedad del Ayuntamiento, que rehabilitó sus jardines. El romanticismo que inspira este lugar, alzado sobre la ciudad, en la misma colina de la Alhambra, merece sin duda la visita.

Museos y Casas Museo

Museo de Bellas Artes de Granada: En la parte alta del Palacio de Carlos V (Alhambra). Alberga una importante colección de pinturas y esculturas desde el siglo XVI a las vanguardias de comienzos del siglo XX. La parte más notable se centra en los autores de la "escuela granadina".

Museo de la Alhambra: En la planta baja del Palacio de Carlos V (Alhambra). Su visita es obligada para quienes quieran tener un mejor conocimiento de la Alhambra y las distintas etapas del arte hispano-musulmán, sobre todo la época Nazarí.

Museo Arqueológico: Ubicado en el Palacio o Casa Castril, Carrera del Darro, 41, en el Albaicín bajo. La importancia de su fondo, con piezas desde el paleolítico al periodo nazarí, permite el conocimiento de las diferentes culturas desarrolladas en la Provincia de Granada.

Museo Casa de los Tiros: Muy céntrico, en el típico barrio del Realejo, Pavaneras 19. Toma su nombre porque así es conocido el edificio en el que está ubicado, construido en el siglo XVI. Museo difícil de encuadrar por su diversidad, está estructurado en interesantísimas salas de temática local: el paisaje, el orientalismo, los viajeros, las artes industriales y el costumbrismo.

Museo de la Fundación Rodríguez Acosta: El Museo y la Fundación tienen su sede en el carmen que construyó José María Rodríguez Acosta entre 1916 y 1930, Callejón Niños del Royo, 8. (Importante pintor granadino, 1878-1947, nacido en el seno de una afamada familia dedicada a la banca). El edificio y los jardines constituyen uno de los espacios más singulares y bellos de esta ciudad, en el mismo entorno de la Alhambra. La importante colección de objetos y obras de arte de la fundación se acrecentó con la incorporación del Instituto Gómez Moreno, en su mismo recinto y comunicado con sus jardines. Fundación e Instituto permiten apreciar valiosísimas colecciones arqueológicas, de pintura, tallas...

Casa Museo de Manuel de Falla: Antequeruela Alta, 11. Recoleto carmen donde vivió este universal músico y compositor español, desde 1921 hasta 1939, año en el que tuvo que abandonar España para no volver nunca más. La casa y sus enseres han procurado mantenerse tal y como el artista los dejó. Alberga también una importante muestra de documentos y objetos personales.

Casas Museo de Federico García Lorca: Granada es el espacio obligado para quienes deseen conocer el entorno vital de este poeta y dramaturgo granadino de relevancia internacional. En Fuente Vaqueros, a pocos kilómetros de la capital, en el corazón de la Vega de Granada, se encuentra ***el Museo Casa Natal de Federico García Lorca,*** su primer paisaje, con una importante colección de manuscritos, correspondencia, dibujos y materiales diversos. En el Parque Federico García Lorca, en Granada, está ***la Casa Museo de la Huerta de San Vicente,*** finca propiedad de la familia del poeta, donde pasó los días que transcurrieron entre 1926 y 1936, año de su muerte. La casa se conserva tal y como la habitó la familia, habiéndose acondicionado salas donde se exhiben dibujos, manuscritos y fotografías del poeta.

Centro de arte José Guerrero: Calle Oficios, en el corazón de la ciudad. Destinado a conservar y difundir la obra de José Guerrero (1914-1999), pintor granadino cuya obra forma parte de los museos españoles más importantes de arte contemporáneo. Pero también, y sobre todo, se usa como centro de exposiciones y divulgación de la obra de artistas contemporáneos y de vanguardias, tanto granadinos como internacionales.

Parque de Las Ciencias: Avenida del Mediterráneo s/n. Museo de ciencias interactivo, en el que el visitante puede experimentar con diferentes fenómenos físicos en las salas Biosfera, Percepción, Planetario, Explora y Eureka. Asimismo ofrece interesantes exposiciones temáticas a lo largo del año.

Museos y Casas Museo

Museos y Casas Museo

La Provincia

La provincia de Granada:
"un pequeño continente" por descubrir

La provincia de Granada es, por su legado histórico, riqueza paisajística y diversidad climática (aquí se dan cinco microclimas diferentes) algo así como "un continente en pequeño". En apenas 13.000 kilómetros cuadrados, y en menos de dos horas, puede pasarse de los 3.000 metros de altura, la nieve y el clima alpino de **Sierra Nevada,** al subtropical y cálido de las playas de **la Costa.** Del paisaje montañoso y frondoso de los pueblos de **la Alpujarra,** al desértico y casi lunar de las comarcas de **Guadix y el Altiplano.** Muchos de sus pueblos conservan restos arquitectónicos de su pasado árabe y de la posterior Reconquista cristiana, como el **Poniente granadino,** última frontera del Reino Nazarita de Granada. La belleza de sus parajes, cuenta con cinco parques naturales, uno de ellos, el de Sierra Nevada, también Parque Nacional. Los campos y pequeñas poblaciones rurales que la recorren, hacen de esta provincia un destino preferente para los amantes de la naturaleza y el turismo rural.

Pretenden las últimas páginas de este libro, una aproximación a todos estos lugares, para que, si se dispone de tiempo, podamos acercarnos a alguno de ellos. Porque, al margen de la Alhambra, o la Catedral, o tantos otros rincones de esta bella ciudad, la provincia de Granada es, por sí misma, un lugar de ensueño.

La Alpujarra

La belleza de su paisaje, la peculiar arquitectura de sus pueblos y su leyenda, atrajeron a viajeros de todos los rincones, que hicieron de ella una región universal.

Es la región rural por excelencia de la provincia de Granada, aunque hay una parte, la menos conocida, que se extiende por la provincia de Almería. Situada en la vertiente sur de Sierra Nevada, en su mayor parte está integrada dentro de su Parque Natural. Una extensa zona formada por treinta y dos municipios, que por la peculiaridad de su arquitectura, su paisaje y su legado histórico, constituye el lugar más pintoresco, y sobre el que más se ha escrito de toda la provincia.

Si hay algo que distingue a la Alpujarra, es el peculiar paisaje que configura la arquitectura de sus pueblos: casas encaladas de blanco, colgadas en la pendiente, escalonadas unas encima de otra, con sus típicos tejados planos, hechos con pizarra y launa, y un sin fín de chimeneas redondas y encaladas. La "launa" es una tierra impermeable de esta zona que se utiliza en la construcción de las casas. Sean más o menos turísticos, todos los pueblos se parecen en sus barrios más antiguos. Empinadas callejuelas de piedra atravesadas por "tinaos" con vigas de madera, balcones repletos de flores y una sorprendente panorámica en cada esquina.

En toda la página:
- Pueblos de Bubión y Capileira, en el Barranco de Poqueira.
- Chimenea alpujarreña. - Balcón de flores en Capileira.
- Típica fachada encalada de blanco, en Capileira.

En toda la página:
- Trevélez, el pueblo más alto de España. - Los colores del otoño.
- Río de Trevélez. - Huertas de la Alpujarra en otoño.
- Paraje de Fuente Agria, en el pueblo de Pórtugos.

Esta forma de construcción es la huella más latente del pasado musulmán de estos pueblos. Los musulmanes habitaron estas tierras, no sólo durante los ocho siglos anteriores a la conquista cristiana, sino durante casi un siglo más después de aquélla. Cuando los Reyes Católicos tomaron Granada, muchos moriscos se refugiaron aquí, al abrigo de sus encrestadas montañas, protagonizando años después una encarnizada revuelta contra los cristianos, la "Guerra de las Alpujarras". Tras la guerra, en el reinado de Felipe II, los moriscos fueron expulsados para siempre y estas tierras quedaron muy despobladas.

El acceso desde Granada se hace por la autovía de la costa (A-44, dirección Motril), tomando el desvío a la Alpujarra, que está indicado. Solamente referiremos en estas páginas los lugares más conocidos, aunque lo mejor, si se dispone de más de un día, es adentrarse en estas tierras y descubrir esos otros rincones menos turísticos y en los que parece que el tiempo se hubiese detenido. El primer pueblo por el que pasaremos es **Lanjarón,** puerta natural de la Alpujarra, famoso por sus balnearios y aguas medicinales, y uno de los que tiene mejores infraestructuras. El lugar por excelencia y más conocido de toda la Alpujarra es el **Barranco de Poqueira,** un valle con tres pueblos colgados en sus laderas, los mejores conservados y con mayor número de alojamientos y casa rurales: **Pampaneira, Bubión y Capilera.** Otros pueblos muy próximos que habría que visitar son **Mecina-Fondales, Ferreirola, Atalveitar** o **Pórtugos,** este último conocido por su fuente de agua agria. No debe abandonarse la Alpujarra sin ir a **Trevélez,** el pueblo más alto de España. Famoso por sus jamones

y la calidad de éstos, es también uno de los más visitados y con mejores alojamientos y restaurantes.

Si se dispone de más de un día hay que ir más allá de Trevélez. Descubrir esos otros pueblos que aparecen salpicados en las laderas por las que pasa la carretera: **Juviles, Bérchules, Mecina Bombarón...** Más allá está la **Sierra de la Contraviesa,** más meridional y próxima a la costa. El paisaje cambia por completo, laderas repletas de almendros y viñas, de las que se extrae la uva con la que se produce el vino de esta zona. Los pueblos de la Contraviesa son quizá los menos conocidos.

La sensación que se tiene la primera vez que se viene a la Alpujarra es, que es un lugar para volver. La belleza del paisaje, sus pueblos, las costumbres y forma de vida de sus gentes, la hacen permanecer pura e impermeable al paso de los años.

En toda la página:
Distintos detalles y rincones de la Alpujarra, muestra de su pintoresca arquitectura, herencia del pasado árabe de estas tierras.

Sierra Nevada

En esta sierra están las cumbres más altas de la Península Ibérica, con dieciséis picos que superan los 3000 m de altitud.

El Parque Natural-Nacional de Sierra Nevada se extiende en su mayor parte por la provincia de Granada y también, una parte menor, por la de Almería. En esta sierra están las cumbres más altas de la Península Ibérica, con dieciséis picos que superan los 3.000 metros de altitud, los más conocidos: **Mulhacén,** el más alto de la Península con 3.482 metros de altura, **Veleta** con 3.396 y **Alcazaba** con 3.364. La riqueza de su flora y fauna le hizo ser declarada Reserva de la Biosfera en el año 1986. Además en el año 1989 fue declarada Parque Natural y en 1999 Parque Nacional.

Lo más conocido de Sierra Nevada es su **Estación de Esquí,** la más meridional de Europa y para muchos la mejor de España. Y es que la situación excepcional de esta estación le aportan un conjunto de cualidades con la que es muy difícil competir: a treinta kilómetros de Granada, una de las ciudades de mayor riqueza monumental de Europa, y a cien de la costa, lo que nos permite pasar en menos de dos horas de la nieve al mar. Esta localización tan meridional, combinada con su altitud, la hacen ser a la vez, la que tiene más días de sol de toda

En toda la página:
- Pico del Veleta (altitud 3396 m). - Caras norte de Sierra Nevada.
- Cabra montés. - Primavera amarilla (endemismo local).
.- Mirlo capiblanco.

Europa y una de las que cuentan con una temporada de nieve más larga, desde finales de Noviembre a principios de Mayo. Por infraestructuras, calidad de las pistas, medios mecánicos, alojamientos y lugares donde pasar el tiempo que no se esquía, es también una estación excepcional. Pero junto a la buena climatología, lo que distingue a Sierra Nevada del resto de las estaciones, su mayor atractivo, sobre todo para la gente más joven, es su ambiente de ocio: bares y restaurantes con terrazas repletas de esquiadores y no esquidores tomando el sol, tiendas de todo tipo y pubs y discotecas en las que la noche se alarga hasta altas horas en la madrugada.

En toda la página:
- Tajos de la Virgen.
- Paraje de media montaña con la Alcazaba al fondo.
- Vista general de la Estación de Esquí, presidida por el pico del Veleta, emblema de esta sierra.

En toda la página:
- Puesta de sol en la Boca de la Pescá.
- Alcazaba (3364 m) y Mulhacén (3482 m). - Cortijo de Hornillo.
- Endemismo entre las lascas de la alta montaña. - Gentiana verna.

Sin embargo, lo mejor de Sierra Nevada es la belleza y diversidad de su paisaje. Dada la variedad climática y diferencia de alturas por las que discurre el Parque, sus parajes van, desde el verde, espeso y arbolado, de la baja y media montaña, a la vegetación pequeña y alpina, con macizos cubiertos por pizarra y matorral bajo, de la sierra alta. Las especiales condiciones climáticas hacen que aquí se den más de sesenta especies vegetales que son endemismos, únicas y exclusivas de aquí, la mayoría de ellas en las cotas más altas. De las 8.000 especies catalogadas que hay en toda la Península, 2.100 existen en Sierra Nevada. También es rica la variedad de fauna que habita el macizo: mas de sesenta clases de aves, que van desde el buitre leonado o el águila real, las mayores, a otras más pequeñas, como el acentor alpino, el mirlo capiblanco o el roquero rojo. Entre los mamíferos, topillos, zorros, comadrejas, tejones y la reina de estas cumbres, la cabra montés.

En toda la página:
- Caballos pastando en el Barranco de San Juan.
- Laguna de la Mosca.
- Detalles del otoño sobre el río.
- Río Genil en su paso por la baja montaña.

En los meses de primavera y verano, con el deshielo, la nieve va desapareciendo de las cumbres más altas, los barrancos se llenan de chorreras de agua y aparecen las lagunas y las lagunillas, de las que hay gran número en esta sierra: Río Seco, la Mosca, Bacares, Aguas verdes, la Caldera... Aparecen también verdes praderas cubiertas de borreguil y florecillas de todos los colores. Es ahora, con la primavera bien entrada y en los meses de verano, cuando es mejor recorrer esta parte de la sierra alta, que además por su vertiente sur, no presenta grandes pendientes, por lo que la ascensión es suave y sencilla. La cara norte es mucho más abrupta y cortada. En verano, algunos alojamientos de la Estación de esquí permanecen abiertos, pero también hay campings y hoteles rurales en los pueblos de los alrededores. La tranquilidad de estos parajes, la suavidad del clima y la belleza de estas cumbres, en época estival despojadas de nieve, hacen de éste un lugar privilegiado para la práctica del senderismo y los deportes y actividades de ocio relacionadas con la naturaleza.

La Costa

Conocida con el sobrenombre de Costa Tropical, en su paisaje se alternan bulliciosas y concurridas playas, con otras más tranquilas y solitarias.

La Provincia de Granada cuenta con más de cien kilómetros de litoral costero, situados entre la Costa de Málaga y la de Almería. Es conocida con el sobrenombre de **Costa Tropical,** por su especial microclima, con más de trescientos días de sol al año y una temperatura media anual de veinte grados centígrados, que la convierten en un lugar propicio para el cultivo de frutos y productos tropicales. En su paisaje se alternan las bulliciosas y concurridas playas de las poblaciones más turísticas, con otras más tranquilas y solitarias. El acceso desde Granada se realiza por la autovía A-44, dirección Motril, a unos setenta kilómetros.

Entre sus poblaciones más turísticas y conocidas cabría destacar: *Almuñécar, Salobreña y Motril.* **Almuñécar** fue fundada por los fenicios, que la llamaron "Sexi", estuvo también habitada por romanos y árabes. Sus playas son las más concurridas y turísticas de toda la costa. El casco antiguo del pueblo está coronado por el Castillo de San Miguel, fortaleza árabe reformada en el siglo XVI. Junto a Almuñécar, pertenecien-

En toda la página:
- Acantilados de la costa granadina. - Barcos en el puerto deportivo de Marina del Este. - Pescadores regresan a la playa. - Bahía de la Herradura. - Playa de Velilla. - Paseo de Cotobro.

te a su término municipal, se encuentra la pequeña localidad de **La Herradura,** que enclavada en torno a una bella bahía, posee unos de los fondos marinos más limpios y ricos de toda la costa mediterránea. **Salobreña,** también fundada por los fenicios, a la que llamaron "Salambina", es un pueblo marinero de tarjeta postal: un pequeño monte cubierto de casas blancas, culminado por un castillo, que emerge sobre los verdes cultivos de la vega que lo rodea. Su fortaleza árabe, del siglo XIII, era utilizada por los Reyes Nazaritas como residencia de verano y también como prisión, en la que eran recluidos otros miembros de la familia real, caídos en desgracia o destronados. **Motril** es el segundo núcleo de población más grande de toda la provincia, con el puerto pesquero y comercial más importante de toda la Costa granadina.

Al este de Motril están los pueblos de *la Costa Tropical Oriental:* **Castell del Ferro, Castillo de los Baños, la Mamola, Melicena** o **la Rábita,** pueblos pequeños con playas y calas mucho más tranquilas y solitarias, dominados por restos de castillos y torres. Los musulmanes levantaron este tipo de construcciones militares por todo el litoral costero de Al-Ándalus, ya que durante todo el tiempo se vieron acechados por otras tribus y pueblos procedentes del Norte de África, que pretendían sus dominios. No se debe terminar este breve pasaje sin mencionar esos otros pueblos del interior, muy próximos a la costa, pero que mantienen el encanto y la tranquilidad de las sierras de su entorno: **Molvízar, Ítrabo, Jete, Otívar ...**

En toda la página:
- Salobreña, encumbrada por su castillo .
- Recolección de caña de azúcar, uno de los cultivos tropicales de esta zona.
- Cristalinas aguas de la playa de la Herradura.
- Vista general de Almuñécar, la población con más desarrollo turístico de toda la costa granadina.

El Poniente Granadino

Como "última frontera de Al-Ándalus", estas tierras fueron la línea divisoria entre los territorios dominados por los cristianos y el reino nazarita de Granada.

En toda la página:
- Panorámica de Montefrío, uno de los pueblos más bellos de Andalucía.
- Montefrío, en primer término, la iglesia circular de la Encarnación.
- Campos de cereal en el Poniente.

Está situado en la parte más occidental de la provincia, en el límite con las provincias de Málaga, Córdoba y Jaén. Estas tierras fueron la zona fronteriza que marcaba la línea divisoria entre los territorios dominados por los cristianos y el reino nazarita de Granada, ya en el último periodo de su existencia. Como "última frontera de Al-Ándalus", las poblaciones del poniente tuvieron una identidad propia, situadas en lugares elevados en torno a un castillo o atalaya, en posiciones estratégicas para la defensa del reino y con numerosas muestras de arquitectura militar.

Moclín, Íllora, Montefrío, Zafra, Loja y **Alhama de Granada** son seguramente los pueblos que cuentan con más y mejores restos monumentales de ese pasado histórico. Pero no es sólo la riqueza monumental lo que hace atractiva esta comarca, también lo es por la belleza del paisaje que encontraremos al recorrer las tranquilas carre-

teras secundarias que entrelazan unas poblaciones con otras. Campos cuidadamente labrados, extensiones de olivo y cereal, muestra de la vida rural y acompasada que se vive en estas tierras.

Hay dos itinerarios, cada uno de ellos a menos de una hora de Granada, que reflejan muy bien la riqueza natural y monumental de esta "última frontera de Al-Ándalus". El primero, dirección Córdoba, nos conduce a **Montefrío,** uno de los pueblos más bellos de Andalucía. Está coronado por la Iglesia de la Villa (siglo XVI), que mandaron construir los Reyes Católicos sobre los restos de una antigua fortaleza árabe. Tiene también otros dos edificios de interés: la Iglesia de la Encarnación (siglo XVIII) y la Iglesia del Convento de San Antonio (siglo XVIII). Junto a éste, sería bueno poder visitar otros pueblos cercanos como **Moclín, Íllora** o **Zafra,** todos ellos con restos de antiguos castillos.

El segundo itinerario, dirección Málaga, nos lleva a **Alhama de Granada,** colgada sobre un espectacular tajo. Conocida por sus baños termales, que desde el siglo XII ya utilizaban los árabes, cuenta con una importante riqueza artística: las iglesias de la Encarnación y del Carmen (siglos XV-XVI); la Casa de la Inquisición; el Pósito, sinagoga judía hasta el siglo XIII y silo para grano en época medieval; o el Hospital de la Reina (siglo XV).

En toda la página:
- Castillo de Moclín, encumbrado sobre el pueblo.
- Campo labrado, entre Moclín y Montefrío.
- Detalle del trigo.
- Restos de muralla del Castillo de Moclín.
- Alhama de Granada, con sus casas colgadas sobre el tajo.

Las comarcas de Guadix y el Altiplano

Tierra de contrastes, al nordeste de la provincia, en la que se mezcla el paisaje árido y desértico, con fértiles vegas y montañosas sierras.

Se trata de una extensísima zona que ocupa el nordeste de la provincia de Granada, tierra de grandes contrastes, en la que se mezcla el paisaje árido y desértico, con fértiles vegas y las montañosas sierras que la rodean. Esta vasta zona esta integrada por dos grandes comarcas: **"La comarca de Guadix y Marquesado del Zenete"** y **"la del Altiplano".** La composición arcillosa de gran parte del terreno ha propiciado la existencia de casas-cueva, vivienda típica e identificativa de esta zona. En la actualidad muchas de ellas son explotadas como alojamientos rurales.

La primera de estas comarcas tiene como capital la ciudad de **Guadix,** la segunda ciudad en importancia monumental de toda la provincia de Granada. Entre sus monumentos más importantes cabría citar: La Alcazaba, de época musulmana, siglos X y XI; la Catedral, símbolo de la ciu-

dad, construida sobre los restos de la Mezquita Mayor, con elementos arquitectónicos de estilo gótico, renacentista y barroco. Cuenta también con un buen conjunto de iglesias y edificios palaciegos. Especial mención merece la Plaza de la Constitución (siglos XVI-XVII), declarada conjunto histórico-artístico. En esta misma comarca de Guadix y Marquesado del Zenete hay otro importante monumento, el Castillo de La Calahorra, construcción de principios del siglo XVI en el que se combina un aspecto exterior de fortaleza militar con un cuidado estilo renacentista en su interior. Puede visitarse previo contacto con la familia que lo cuida, ya que es propiedad privada.

La otra comarca al nordeste de la provincia, la del Altiplano, tiene como núcleo más importante la ciudad de **Baza,** que cuenta entre sus monumentos: los Baños de la Judería y la Alcazaba, monumentos árabes; la Concatedral de Santa María de la Encarnación, de estilo gótico tardío; iglesias como la de la Merced, la de Santiago y la Presentación; conventos como el de Santo Domingo o San Jerónimo y el Palacio de Enríquez. Una de las mayores virtudes de esta zona está en la riqueza natural y belleza de las sierras que la circundan: **La Sierra de Baza** y la de **Castril** (Parques Naturales), la de **la Sagra** y la de **Orce,** que la habilitan como un excelente lugar para la práctica del senderismo y el turismo rural. Los ríos y la verde vegetación que las recorre, contrasta con el árido paisaje de la llanura, en la que hace millones de años había un inmenso lago.

En las dos páginas:

- Paisaje arcilloso y árido en torno a Guadix.
- Chimenea de una cueva.
- Almendros en flor en el Marquesado, con Sierra Nevada al fondo.
- Pantano del Negratín, uno de los más grandes de Andalucía.
- Casa-cueva, la construcción más típica y característica de este entorno.
- Castillo de La Calahorra.
- Catedral de Guadix, símbolo de esta ciudad, construida sobre los restos de la Mezquita Mayor.

Bibliografía

UN POCO DE HISTORIA

- Gallego Burín, Antonio. *Guía Artística e Histórica de la Ciudad.* (Fundación Rodríguez Acosta 1961).
- Bosque Maurel, J. *Geografía urbana de Granada.* (Editorial Universidad de Granada 1988).

LA ALHAMBRA

- Gallego Burín, Antonio. *Guía Artística e histórica de la Ciudad.* (Fundación Rodríguez Acosta 1961).
- Bermúdez Pareja, Jesús. *Palacio de Comares y Leones.* (Cuadernos de la Caja de Ahorros de Granada, núm. 12. 1972).
- Bermúdez Pareja, Jesús. *Alcazaba y Torres de la Alhambra* (Cuadernos de la Caja de Ahorros de Granada, núm 10. 1972).
- Bermúdez Pareja, Jesús. *El Partal y la Alhambra Alta* (Cuadernos de la Caja de Ahorros de Granada, núm. 46. 1977).
- Bermúdez Pareja, Jesús. *El Generalife* (Cuadernos de la Caja de Ahorros de Granada, núm. 30. 1974).
- Prieto Moreno, Francisco. *El Jardín Hispanomusulmán* (Cuadernos de la Caja de Ahorros de Granada, núm. 33. 1975).
- Seco Lucena Paredes, Luís. *Cercas y Puertas Árabes de Granada* (Cuadernos de la Caja de Ahorros de Granada, núm. 29. 1974) .
- Bermúdez Pareja, Jesús. *El Generalife y las Torres* (Forma y Color. 1969).
- García Gómez, Emilio y Bermúdez Pareja, Jesús. La Alhambra: *La Casa Real* (Forma y Color. 1967).
- Contreras, Rafael. *Étude Descriptive des Monuments Arabes de Grenade, Seville et Cordoue* (1889).
- Ibn Luyun. Traducción de Eguaras Ibáñez, Joaquina. *Tratado de Agricultura* (Patronato de la Alhambra. Granada. 1975).
- Ladero Quesada, Miguel Ángel. *Granada. Historia de un País Islámico. 1232-1571.* (Editorial Gredos. 1979).
- Olivares Pérez, Rogelio. *The Alhambra of Granada.* (Madrid-1949).
- Irving, Washington. *Cuentos de la Alhambra.* (Ediciones Miguel Sánchez. 1976).
- Burckhardt, Titus. Traducción de Kuhne Brabant, Rosa. (Alianza Editorial. 1977).
- Seco de Lucena Paredes, Luís. *La Granada Nazarí del siglo XV.* (Patronato de la Alhambra. 1975).
- Seco de Lucena Paredes, Luís. *El Libro de la Alhambra. Historia de los Sultanes de Granada.* (Editorial Everest. 1975).
- Bermúdez Pareja, Jesús. *La Fuente de los Leones* (Cuadernos de la Alhambra, núm. 3. Patronato de la Alhambra 1967).
- Bermúdez Pareja, Jesús, *El Baño del Palacio de Comares, en la Alhambra de Granada. Disposición primitiva y alteraciones* (Cuadernos de la Alhambra, núm. 10-11. Patronato de la Alhambra. 1974).
- Gómez Moreno, Manuel. Textos de Gómez *Moreno sobre la Alhambra musulmana. El Carmen de la Mezquita en la Alhambra. El Convento de San Francisco en la Alhambra. La catástrofe de la Alhambra: el incendio de la Casa Real. La vida en la Alhambra. Granada árabe: el orientalismo español. El arte islámico en España y en el Magreb.* (Cuadernos de la Alhambra, núm. 6. Patronato de la Alhambra. 1970).
- Pavón Maldonado, Basilio. *La Alcazaba de la Alhambra* (Cuadernos de la Alhambra, núm. 7. Patronato de la Alhambra. 1971).
- Cabanelas Rodríguez, Darío. *La antigua policromía del techo de Comares* (Cuadernos de la Alhambra, núm. 8. Patronato de la Alhambra 1972).
- Papadopoulo, Alexandre. *El Islam y el arte musulmán.* (Editorial Gustavo Gili. 1977).
- Levi-Provençal, E. *Instituciones y vida social e intelectual en la España Musulmana* (Historia de España. Espasa Calpe, tomo 5. 1973).
- Levi-Provençal, E. *La Civilización árabe en España* (Colección Austral, núm. 1161. Espasa Calpe. 1969).
- Bermúdez Pareja, Jesús. *El Palacio de Carlos V* (Forma y Color. 1971).
- Villa-Real, Ricardo. *Historia de Granada.* (Ediciones Miguel Sánchez. 2003).
- Orihuela Uzal, Antonio. *Casas y Palacios Nazaríes siglos XIII-XV.* (Lunwerg Editores. 1996).
- Barrucand, Marianne y Bednorz, Achim. *Arquitectura islámica en Andalucía.* (Editorial Taschen. 1992).
- Creus, Jesús. *Así vivían en Al-Ándalus.*
- Torres Balbas, Leopoldo. *La Alhambra y el Generalife de Granada.* (Editorial Plus Ultra).

MONOGRÁFICOS

- Burckhard, Titus. *Alquimia.* (Editorial Plaza y Janés).
- Burckhardt, Titus. Traducción de Kuhne Brabant, Rosa. *La Civilización Hispano Árabe.* (Alianza Editorial. 1977).
- Papadopoulo, Alexandre. *El Islam y el arte musulmán.* (Editorial Gustavo Gili. 1977).
- Gube, Ernest. J. y otros. Versión Española de Aguade, Jorge y del Castillo, Beatriz. *La arquitectura del Mundo Islámico.* (Alianza Editorial. 1985).
- Clévenot, Dominique. *Ornamentación del Islam.* (Ediciones Encuentro. 2000).
- Grabar, Oleg. *La Alhambra: Iconografía, formas y valores.* (Alianza Editorial. 1980).

EL ALBAICÍN

– Pozo Figueroa, Gabriel. *Albayzín-solar de reyes.* (Colección Granada y sus Barrios. Caja General de Ahorros de Granada. 1999).
– Gallego Burín, Antonio. *Granada. Guía Artística e Histórica de la ciudad.* (Fundación Rodríguez Acosta.1961).
– Antequera, Marino. *Unos días en Granada.* (Ediciones Miguel Sánchez. 1987).
– Gómez Moreno, Manuel. *Guía de Granada.* (Universidad de Granada. 1998).
– Molina Fajardo, Eduardo. *Sacromonte Gitano I* (Cuadernos de la Caja de Ahorros núm. 8).
– Seco de Lucena, Luis. *Plano de la Granada Árabe.* (Editorial D. Quijote. 1982).

LA CATEDRAL Y SU ENTORNO

– Gallego Burín, Antonio. *Granada. Guía Artística e Histórica de la Ciudad.*
– Antequera, Marino. *Unos días en Granada.* (Ediciones Miguel Sánchez. 1987).
– Pita Andrade, José Manuel. *Capilla Real y Catedral de Granada* (Editorial Everest. 1978).
– Reyes Martínez, Manuel. *Guía de la Catedral de Granada.* (Encuadernaciones San Antonio. 1974).
– Reyes Ruiz, Manuel. *Capilla Real de Granada. Guía para la visita.* (Edita Capilla Real. 2004).
– Manuel Pita Andrade, José Manuel. *Capilla Real de Granada* (Cuadernos de la Caja de Ahorros de Granada, núm. 11).
– Pita Andrade, José Manuel (coordinador). *El libro de la Capilla Real.* (Cabildo de la Capilla Real. 1994).
– Orozco Díaz, Emilio. *La vida de la Virgen de Alonso Cano en la Catedral de Granada.* (Cuadernos de la Caja de Ahorros, núm. 44).
– García, Juan Alfonso. *Iconografía Mariana en la Catedral de Granada.* (Cabildo de la Catedral. 1988).
– Garzón Pareja, Manuel. *Una dependencia de la Alhambra: La Alcaicería.* (Cuadernos de la Alhambra, núm. 8. Patronato de la Alhambra. 1972).

MONOGRÁFICOS

– Wethey, Harold E. *Alonso Cano, pintor, escultor, arquitecto.* (Alianza Editorial, colección Alianza Forma, núm. 35. 1983).
– Autores varios. *Centenario de Alonso Cano en Granada. Estudios.* (Editorial Anel. 1969).
– Autores varios. Centenario de Alonso Cano Catálogo de la Exposición. (Editorial Anel. 1970).
– Autores varios. *Enciclopedia del Arte Garzanti-Alonso Cano, pag. 169-170.* (Ediciones B. 1991).
– Moreno Echevarría, José María. *Fernando el Católico.* (Editorial Plaza y Janés, colección Varia. 1981).
– Pérez Bustamante, C. *Compendio de Historia de España.* (Ediciones Atalas. 1949).
– Aguado Bleye, Pedro. *Manual de Historia de España, tomo II, capítulo III.* (Editorial Espasa Calpe. 1964).

DEL MONASTERIO DE CARTUJA A SAN JERÓNIMO

– Gallego Burín, Antonio. *Granada. Guía Artística e Histórica de la Ciudad.* (Fundación Rodríguez Acosta. 1961).
– Antequera, Marino. *Unos días en Granada.* (Ediciones Miguel Sánchez. 1987).
– Orozco Díaz, Emilio. *La Cartuja de Granada* (Editorial Everest. 1983).
– Orozco Díaz, Emilio. *La Cartuja de Granada: Iglesia y Monasterio* (Cuadernos de la Caja de Ahorros, núm. 17.
– Orozco Díaz, Emilio. *La Cartuja de Granada: El Sagrario* (Cuadernos de la Caja de Ahorros, núm.14).
– Orozco Díaz, Emilio. *La Cartuja de Granada: La Sacristía* (Cuadernos de la Caja de Ahorros, núm. 21).
– Colina Munguía, Saturnino. *El Monasterio de San Jerónimo de Granada* (Editorial Everest. 1986).
– Isla Mingorance, Encarnación. *Hospital y Basílica de San Juan de Dios* (Editorial Everest. 1989).
– Fernández Lubelza, Concepción. *El Hospital Real* (Cuadernos de la Caja de Ahorros, núm. 23).

MONOGRÁFICOS

– Serrou, Robert y Vals, Pierre. *El desierto de la Cartuja. La Vida Solitaria de los Cartujos.* (Ediciones Studium. 1961).
– Lockhardt, Bruce. *El Camino de la Cartuja.* (Editorial Verbo Divino. 1986).
– Un cartujo. *Maestro Bruno padre de monjes.* (Biblioteca de Autores Cristianos. 1980).
Moreno Echevarría, José María. *Fernando el Católico.* (Editorial Plaza y Janés, colección Varia. 1981).
– Pérez Bustamante, C. *Compendio de Historia de España.* (Ediciones Atalas. 1949)
– Aguado Bleye, Pedro. *Manual de Historia de España, tomo II, capítulo III.* (Editorial Espasa Calpe. 1964).
– Davillier, Caharles. *Viaje por España, capítulo XXII.* (Ediciones Castilla. 1957).

OTROS RINCONES Y PASEOS

– Gallego Burín, Antonio. *Granada. Guía Artística e Histórica de la Ciudad.* (Fundación Rodríguez Acosta. 1961).
– Orozco Días, Manuel y de Bobadilla Campos, Fernando F. *Carmen de los Mártires.*
– Antequera, Marino. *La Virgen de las Angustias.*
– Serrano Aguilera, Manuel y Serrano Ruiz, Manuel. *La Basílica de la Virgen de las Angustias.*
– Gallego Morell, Antonio. *Casa de los Tiros* (Cuadernos de la Caja de Ahorros, núm. 3).

LA PROVINCIA

– *Páginas web de Ideal Comunicación Digital.*
– *Folletos informativos del Patronato Provincial de Turismo de Granada.*

Créditos fotográficos

Ángel Sánchez

La mayor parte de fotografías, excepto las que corresponden a los siguientes autores o archivos:

Archivo Ediciones Miguel Sánchez

Pág. 6:
La Rendición de Granada.
Pág. 70:
Mirador de Lindaraja
Pág. 71: (superior izquierda)
Detalle de una de las pinturas del Peinador.
Pág. 73: (derecha)
Baño del Rey.
Pág. 186: (superior)
Retablo con cuadros de Sánchez Cotán.

Miguel Sánchez

Pág. 42:
Detalle de las columnas del Patio de los Leones
Pág. 52: (superior izquierda)
Detalle de uno de los nichos a la entrada de la Sala de la Barca.
Pág. 58: (superior derecha)
Detalle de unas de las alcobas del Salón de Embajadores.
Pág. 64: (inferior)
Detalle de la Sala de los Mocárabes.
Pág. 65: (izquierda)
Sala de Abencerrajes.
Pág. 65: (inferior)
Cúpula de la Sala de Abencerrajes.
Pág. 67: (inferior)
Pinturas de la Sala de los Reyes.
Pág. 68: (derecha)
Detalle de las yeserías de la Sala de Dos Hermanas.
Pág. 69:
Techo de la Sala de Dos Hermanas.
Pág. 73:
Detalle de los estucos de la Sala de Reposo y Baño del Rey.
Pág. 75: (superior)
Sala de Reposo.
Pág. 111:
Baños del Bañuelo.
Pág. 157: (superior izquierda)
Motivo central de la Reja Mayor.
Pág. 118: (inferior)
Cristo de la Misericordia.
Pág. 185: (derecha)
Visión del Beato Ford.
Pág. 202:
Vista general de la Nave desde el Altar Mayor.

Archivos de la Capilla Real, del Museo de Bellas Artes de Cádiz y de la Diputación Provincial de Granada

Pág. 165: (inferior)
Cetro de la Reina, espada del Rey, corona de la Reina y joyero de la Reina.
Archivo de la Capilla Real.
Pág. 141: *Retrato de Alonso Cano.*
Archivo del Museo de Bellas Artes de Cádiz.
Pág. 212: *(Portada del capítulo Otros Rincones y Paseos. Una fotografía). Interior del Museo José Guerrero.*
Archivo de la Diputación Provincial de Granada.

Javier Algarra

Pág. 48: (superior)
Detalle de los muros de la Sala del Mexuar.
Págs. 48-49: (derecha):
Sala del Mexuar.
Págs. 54-55: (superior)
Vista general del Patio de los Arrayanes.
Págs. 56-57: (derecha)
Salón de Embajadores desde la Sala de la Barca.
Pág. 58: (superior izquierda)
Techo del Salón de Embajadores.
Pág. 59:
Interior del Salón de Embajadores.
Págs 62-63: (superior)
Vista general del Patio de los Leones.
Pág. 66:
Sala de los Reyes.
Págs. 76-77:
Sala de Vapor.
Pág. 98:
Patio de la Acequia y Pabellón norte.
Págs. 100-101:
Patio de la Acequia y Pabellón sur.
Pág. 103:
Alberca central del Patio de la Acequia.
Pág. 216:
Fachada de la Casa de los Tiros. Techo de la Cuadra Dorada.

J. Voigtländer

Pág. 134:
Nave central y Capilla Mayor de la Catedral.
Págs. 140, 142, 143 y 144:
Reproducciones de los cuadros de Alonso Cano de la vida de la Virgen.
Págs. 166, 167, 168 y 169:
Reproducciones de los cuadros del Museo de la Capilla Real.

Guido Montañés

Pág. 37: (superior izquierda)
Foso de la Alcazaba.
Pág. 37: (inferior)
Puerta de las Armas.
Pág. 49: (superior)
Detalle del Patio de Machuca.
Págs. 92-93:
(izquierda, derecha e inferior)
Tres motivos del Generalife.
Págs. 96-97: (centro)
Rincón de los Jardines Nuevos.
Pág. 97: (derecha)
Huerta Colorá.
Pág. 167:
Vista del Albaicín y Sierra Nevada.
Pág. 113:
El Sacromonte con la Alhambra y la ciudad al fondo.
Pág. 130: (superior)
Vista general de la Catedral.
Pág. 220:
(Portada del capítulo de la provincia). Picos del Mulhacén y la Alcazaba.
Págs. 221:
(Portada del capítulo de la provincia, dos fotografías). Pueblo de Bubión, en la Alpujarra. Pico del Trevenque.
Págs. 224:
(Alpujarra). Pueblo de Trevélez. Huertas de la Alpujarra en Otoño. Paraje de la Fuente Agria.
Págs. 226, 227, 228 y 229:
(Sierra Nevada). Todas
Págs. 231:
(La Costa). Recolección de caña de azúcar.
Págs. 234 y 235:
(La Comarca de Guadix y el Altiplano). Paisaje arcilloso. Chimenea. Almendros en flor. Pantano de Negratín. Casa cueva.

Agradecimientos

Patronato de la Alhambra y el Generalife.

Curia Diocesana de Granada.

Cabildo de la Catedral.

Cabildo de la Capilla Real.

Comunidad Religiosa del Monasterio de San Jerónimo.

Comunidad Religiosa del Convento de Santa Isabel la Real.

Fundación Rodríguez Acosta.

Consejería de Cultura de la Junta de Andalucía.

Ayuntamiento de Granada.

Diputación Pronvincial de Granada.

Universidad de Granada.

Dirección Murcia
Cruz de Piedra
San Luis
Cuesta del Carril de S. Agustín
Fajalauza
Camino de San Antonio
Campus Universitario de Cartuja
26
Pagés
Pl. Salvador
15
Panaderos
Agua
Pl. Larga
Cjón. S. Cecilio
16
Plaza S. Nicolás
C. Algibe Trillo
Plta. Minas
Cjón. Campanas
Cº. N. S. Nicolás
Cta. María de la Miel
Alg. Gato
Plta. Nevot
21
Paseo de la Cartuja
Crtra. de Murcia
Cuesta de S. Antonio
Mirador S. Cristobal
Cuesta de la Alhacaba
Agua del Ladrón
19
17
Tiña
18
Pl. S. Miguel Bajo
Oidores
San José
22
Carril de la Lona
Cuesta del Zenete
Cruz de Quirós
Cta. Marañas
Real de Cartuja
Avenida de Cardenal Parrado
Avenida de Murcia
25
24
Acera de S. Ildelfonso
Avenida Hospicio
Avda. C. Moreno
23
Pl. del Triunfo
Ancha de Capuchinos
Avda. D. Pastora
Circunvalación Todas las direcciones
Avenida de Madrid
Pl. S. Isidro
Calle de Elvira
Gran Vía de San Agustín
Santa Paula
M. de Falces
Pl. S. Agustín
San Jerónimo
Avenida de la Constitución
San Juan de Dios
Avenida Doctor Azpitarte
Doctor Olóriz
33
34
Pl. Universidad
35
Calle Duquesa
Pl. Trinidad
Fábrica Vieja
Pl. de los Lobos
Tablas
Santa Teresa
Rector Marín Ocete
Dr. Severo Ochoa
Santa Bárbara
Rector López Argüerta
36
Gran Capitán
La Caleta
Avda. Andaluces
Avda. Andalucía del Sur
Estación de Ferrocarriles
Mirlo
Faisán
Cisne
Tórtola
Gaviota
Alondra
Circunvalación Todas las direcciones
Avenida Fuente Nueva
Carril del Picón
Pl. Gran Capitán
Obispo Hurtado
Melchor Almagro
Emperatriz Eugenia
Goya
Trajano
Pl. Menorca
Campus Universitario de Fuente Nueva
Calle Gonzalo Gallas
Calle Pedro
Camino
Núñez
Méndez
Crtra. Purchil
Calle Arabial
Cañaveral
Circunvalación Todas las direcciones